热流测量仪六性设计技术开发研究项目资助
某典型目标毁伤评估算法研究与计算模块开发项目资助
辽宁省航空航天装备与机器人技术工程研究中心项目资助

齿轮传动可靠性分析优化理论与方法

佟 操 李 铭 丁 建 晋晓磊 纪璞正 著

中国矿业大学出版社
· 徐州 ·

内容提要

本书划分为三篇，共 9 个章节进行阐述与介绍。第一篇详细介绍现代高保真数值仿真技术，系统阐述齿轮系统模型的构建与系统故障分析方法。第二篇从理论方法角度出发，围绕制造误差对齿轮系统失效的影响机制，详细介绍齿轮弯曲疲劳试验技术、齿轮传动的强度与振动可靠性失效概率定量分析、风电行星齿轮系统载荷与可靠度计算等理论与方法。第三篇从实例样机角度出发，以重型直升机的行星轮系为对象，详细介绍基于可靠性约束的优化设计方法与行星齿轮齿圈柔性的疲劳可靠性优化设计方法。

本书可作为齿轮类产品的设计、制造、试验、使用以及管理的工程技术人员参考研究，同时也可作为航空航天类机械专业或近机械类专业的研究生以及高年级本科生的教材和参考用书。

图书在版编目（CIP）数据

齿轮传动可靠性分析优化理论与方法 / 佟操等著. 徐州：中国矿业大学出版社，2024. 11. —ISBN 978-7-5646-6519-7

Ⅰ. TH132.41

中国国家版本馆 CIP 数据核字第 20243QY969 号

书　　名　齿轮传动可靠性分析优化理论与方法
著　　者　佟　操　李　铭　丁　建　晋晓磊　纪璞正
责任编辑　章　毅
出版发行　中国矿业大学出版社有限责任公司
（江苏省徐州市解放南路　邮编 221008）
营销热线　（0516）83885370　83884103
出版服务　（0516）83995789　83884920
网　　址　http://www.cumtp.com　**E-mail**：cumtpvip@cumtp.com
印　　刷　苏州市古得堡数码印刷有限公司
开　　本　787 mm×1092 mm　1/16　**印张** 10.5　**字数** 206 千字
版次印次　2024 年 11 月第 1 版　2024 年 11 月第 1 次印刷
定　　价　58.00 元

前 言

科学研究是技术进步的动力，而制造业是国民经济发展的立国之本、强国之基、兴国之器。2015 年，国务院印发的《中国制造 2025》中提出：核心基础零部件（元器件）、先进基础工艺、关键基础材料和产业技术基础等工业基础能力薄弱，是制约我国制造业创新发展和质量提升的症结。2019 年，电子芯片领域华为光刻机“卡脖子”事件使我国清晰意识到核心技术上的“短板”，深刻体会到基础科学的重要性。近年来，我国科学发展十分迅速，在诸如北斗导航卫星、嫦娥五号以及空间站建设等航天领域取得了举世瞩目的成就。然而时至今日，在涵盖国内巅峰科学、前沿技术的航天领域，部分产品仍面临着“核心部件依赖进口、关键技术受制于人”的局面，这加剧了我国在高端零部件研发短板的急迫性与必要性。

齿轮传动系统作为国家军民通用型战略装备的核心零部件，直接决定着重大装备和主机的性能、水平和可靠性，是限制我国重大装备发展的主要因素。虽然目前国内在齿形、结构、工艺等技术水平取得了较多成果，但高端齿轮传动系统高可靠设计始终是困扰我国自主研发的重要瓶颈之一。因此，大力发展高端齿轮零部件及传动装备的设计技术，对提高装备制造业的核心竞争力和自主配套能力都具有十分迫切和重要的意义。

本书基于大型高端齿轮传动装备研发设计关系到国家核心利益的军民通用型战略装备，且严重依赖进口、核心技术受制于人的现状。与齿轮传动的可靠性设计、评价与传统的确定性设计不同，本书是面向现代高保真度数值仿真技术来构建齿轮系统模型（齿轮数值参数化、非线性动力学多刚柔体动力学及层级有限元技术等），以分析系统故障；从理论方法角度出发，围绕制造误差对齿轮系统失效的影响机制，详细介绍齿轮弯曲疲劳试验技术、齿轮传动的强度与振动可靠性失效概率定量分析、风电行星齿轮系统载荷与可靠度计算等理论与方法；从实例样机角度出发，详细介绍基于可靠性约束的优化设计方法与行星齿轮齿圈柔性的疲劳可靠性优化设计方法等近几年齿轮传动可靠性研究的新方法与新模型。愿本书的出版能为我国高端齿轮传动装备的可靠性理论与方法的发展贡献绵薄之力。

由于作者水平有限，书中疏漏之处在所难免，敬请读者批评指正。

著　者

2024 年 9 月

目　　录

第 1 章　齿轮传动可靠性概述 …… 1

1.1　背景和意义 …… 1

1.2　齿轮传动可靠性研究现状 …… 4

1.3　基于代理模型的可靠性分析及优化方法研究现状 …… 7

1.4　齿轮动力学分析研究现状 …… 11

第一篇　齿轮传动数值建模与分析方法

第 2 章　齿轮传动参数化建模分析 …… 15

2.1　齿轮参数化建模基本方法 …… 15

2.2　齿轮传动零部件参数化建模 …… 18

2.3　齿轮传动系统参数化建模 …… 22

2.4　本章小结 …… 26

第 3 章　行星齿轮传动系统非线性动力学建模分析 …… 27

3.1　概述 …… 27

3.2　行星齿轮传动系统动态激励 …… 28

3.3　行星齿轮系统动力学建模 …… 39

3.4　行星齿轮系统振动响应分析方法 …… 45

3.5　本章小结 …… 47

第 4 章　行星齿轮系统多刚柔体动力学仿真建模 …… 49

4.1　引言 …… 49

4.2　弹性边界柔性结构建模 …… 49

4.3　重型直升机行星齿轮准静态弹性行为仿真模型 …… 55

4.4 大型风电齿轮传动系统构件柔性力学建模 …… 63
4.5 本章小结 …… 67

第二篇 齿轮传动可靠性分析理论与方法

第5章 齿轮弯曲疲劳试验技术 …… 69
5.1 引言 …… 69
5.2 齿轮失效分析与应力计算准则 …… 69
5.3 齿轮弯曲疲劳试验 …… 72
5.4 本章小结 …… 77

第6章 基于 Kriging 模型的齿轮强度与振动可靠性分析方法 …… 79
6.1 Kriging 模型 …… 79
6.2 主动学习可靠性算法 …… 81
6.3 基于 Kriging 模型的齿轮接触强度可靠性分析 …… 85
6.4 本章小结 …… 87

第7章 风电行星齿轮传动系统载荷分析与可靠度计算方法 …… 89
7.1 引言 …… 89
7.2 层级有限元分析结果 …… 89
7.3 载荷输入变量转换 …… 94
7.4 反映行星传动工作特性的系统可靠性建模 …… 95
7.5 本章小结 …… 98

第三篇 齿轮传动可靠性优化设计理论与方法

第8章 基于可靠性约束的行星齿轮传动系统优化设计 …… 99
8.1 可靠性设计优化方法 …… 99
8.2 可靠性优化算法改进 …… 105
8.3 算例 …… 107
8.4 行星轮系可靠性优化 …… 112
8.5 本章小结 …… 119

第9章 齿圈柔性对重型行星齿轮系统疲劳可靠性的影响及优化 …… 121
9.1 引言 …… 121
9.2 齿圈柔性影响下的应力响应分析 …… 121

9.3　轮齿概率强度拟合 …………………………………………………… 129
9.4　行星系统疲劳可靠性评估模型 ………………………………………… 133
9.5　齿圈轮缘厚度与行星系统疲劳可靠性的映射关系 ……………………… 138
9.6　本章小结 …………………………………………………………… 146

参考文献 ………………………………………………………………… 149

第 1 章　齿轮传动可靠性概述

1.1　背景和意义

齿轮传动系统是动力传输和运动传递中最重要的机械装置，其基本功能在于运动和动力的传递。相对于其他传动方式，其具有精确的传动比、紧凑的结构和可靠高效的运行性能。在齿轮传动系统中，齿轮副承担着至关重要的角色，其出色的动态特性和稳定可靠的运行状态对于提升机械设备的整体性能和寿命至关重要。与此同时，齿轮传动技术在一定程度上能够反映一个国家机械工业的现代化水平，是国家综合国力的体现。

行星齿轮传动作为齿轮传动的一种独特形式，已被广泛应用于航空航天、汽车等多个关键领域。尤其在要求质量轻、结构紧凑、传动效率高、寿命长等传动设备中，行星齿轮传动发挥着不可替代的作用。行星齿轮传动相较于普通齿轮传动具有诸多优势，能够实现大传动比的变速传动，能保证结构紧凑的大功率传输，并具备运动的合成与分解功能。通过几个均匀分布的行星轮同时传递动力和运动，这些行星轮作用在中心轮上的径向力可以相互抵消，减小主轴所受的力，同时提高传递功率。由于采用内啮合形式，传动空间得到充分利用，且输入轴和输出轴位于同一主轴线上，使得行星齿轮传动的空间尺寸明显减小，在紧凑空间内更易实现更大的传动比和功重比。因此，行星齿轮传动在实际应用中逐渐替代普通齿轮传动，在各种机械传动系统中得到广泛应用。

基于行星传动独有的特点，大型精密行星轮系普遍作为各类大型航空器传动系统的核心，单旋翼带尾桨构型(在役数量最多)的重型运输直升机就是其中的典型代表。图 1.1(a)为直升机主旋翼减速器中的行星齿轮传动机构，图 1.1(b)为涡轮风扇发动机中的行星齿轮传动机构，它们承担着降低转速、放大扭矩的关键任务。行星齿轮独特的结构设计使得其具有较高的传动比，同时能够有效地承受飞机运行过程中的各种力和压力。此外，行星齿轮传动器的结构紧凑，体积小巧，适合在飞机这样的有限空间内进行安装，为飞机的设计和制造提供了极大的便利性。因此,直升机主旋翼减速器和涡轮风扇发动机中采用行星齿轮传动,不仅能够满足高传动比的需求,还能够提高飞机的整体性能和可靠性。

（a）直升机主旋翼减速器中的行星齿轮传动机构　（b）涡轮风扇发动机中的行星齿轮传动机构

图 1.1　行星齿轮传动的重要应用

大型运输直升机是关系到国家核心利益的军民通用型战略装备,是航空科技水平乃至国家综合实力的重要标志,但时至今日,其核心装备仍然依赖进口,关键技术受制于人。大功率传动系统技术对于提升重型直升机性能、减少噪声和振动水平以及控制寿命周期成本起着关键作用。在美国和俄罗斯的先进重型直升机研发计划中,大功率传动系统的可靠性和经济承受性被视为关键技术指标,因此对传动系统的低维护设计要求提出了具体要求[1-2]。在目前服役的数量最多的重型直升机中,直升机主减速器已被确认为适航相关事故和结构不可靠的主要来源之一,其中的大型行星轮系作为多种重型直升机传动链中具备着大减速比的传力环节,是中大型民用运输直升机主减速器内部引发结构失效问题的最典型部件组之一。作为重型直升机传动系统的核心和基础,大型航空行星机构在很大程度上决定了传动系统的技术水平,是限制重型直升机传动系统技术发展的一个关键因素[3]。针对我国重型直升机核心装备国产化的现实需求,国内航空行星减速器迫切需要朝着具备大承载能力、高功率密度和高可靠性特点的方向发展。

大型航空行星机构作为与主旋翼直接相连的减速终端,是重型直升机传动系统中载荷环境最差、强度要求最高的动力传递环节[4-5]。随着发达国家对先进重型直升机主减速器功率密度等性能指标不断提高,大型航空行星机构的转速和承载极限也在不断更新,结构与功率分担方式变得更加复杂。这增加了行星系统结构强度设计与分析的复杂性和不确定性,使得新一代重型航空行星装备在追求轻量化的同时，也提高了结构失效风险[6]。传动系统作为直升机三大关键动力部件之一（包括发动机系统、传动系统和旋翼系统，如图 1.2 所示），由于重量和空间的限制，无法实现冗余设计。一旦传动系统中的齿轮失效，往往会引发严重事故，导致设备损坏和人员伤亡。在飞行过程中，若发生齿轮失效，将直接导致直升机丧失动力，因此传动系统的可靠性直接影响着直升机的服役安全和寿命周期成本[7]。

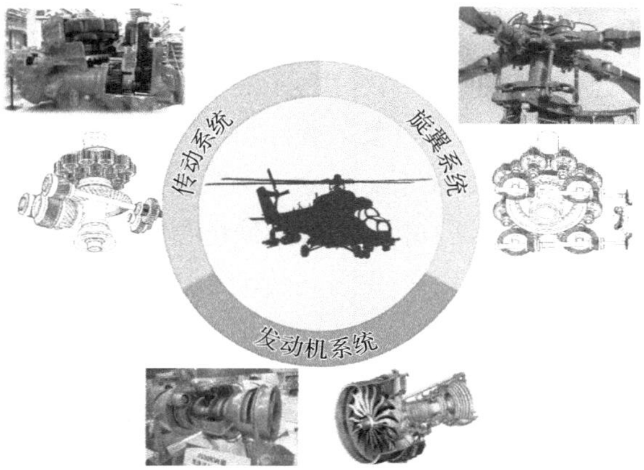

图 1.2　直升机三大关键动力部件系统

风力发电作为一种极具发展前景的发电方式，在保护国家能源储备方面发挥着重要作用。与传统火力发电方式相比，风电设备技术具有绝对的成本竞争力，并进一步向大型化、高可靠性、长寿命等战略技术方向发展[8]。齿轮件作为风电设备的核心基础部件之一，其质量的好坏对风机传动链乃至整个风机的使用性能有很大的影响[9-10]。由于风力发电机组通常在恶劣的自然环境中全天候运行，在交变载荷的长期作用下，传动链中的齿轮部件面临很大的结构失效风险，并且由于风力发电机组齿轮箱的安装和维护难度大，成本高，相关国家标准普遍对风电齿轮提出了非常苛刻的使用耐久性和可靠性要求[11-12]。如今，风电设备大规模更新迭代不断加快，“大兆瓦”已成为风电降本增效的主要途径之一[13]。但矛盾的是，随着风力发电设备的尺寸、重量和复杂性不断增加，新的可靠性问题也随之出现。大型风力发电机齿轮箱的设计寿命与实际使用寿命的不匹配已成为一些产品涨价的主要原因之一[14]。制造商会在产品售价中增加大幅的意外维修成本，以应对可能由此引发的保修风险，即齿轮过早失效。这一问题的根本原因可以追溯到大型风力发电机齿轮箱的设计和制造技术。随着风电机组单机容量的不断提高，对新一代风电齿轮箱产品的结构和力学性能指标的要求也在不断提高。这使得以经验驱动的传统风电齿轮箱设计方法逐渐难以满足大型兆瓦级风电齿轮箱的可靠性设计要求。由美国国家可再生能源实验室开展的风电齿轮箱可靠性协同项目是近年来最具影响力的风电技术研究之一。研究人员指出，齿轮疲劳是风电齿轮箱结构失效的重要原因之一，而齿轮的弯曲疲劳断裂作为传动链失效形式的末端表现，已成为导致风电设备长时间停机检修的恶性失效方式。

在这些大型机械设备的传动系统中，尤其是行星齿轮传动系统，其机械性能、服役寿命和可靠性显得尤为重要。为了降低齿轮失效可能带来的严重后果，必须不断完善和提升相关的可靠性设计与维护方法。在设计过程中，确保传动系统的安全运行和可靠性，进行可靠性分析与预测是至关重要的步骤，特别是针对那些在重要场合使用的行星齿轮传动系统。

同时，《中国机械工程技术路线图（2021 版）》[15]《中国制造 2025》[16]《机械工业“十四五”质量管理规划纲要》[17]中均明确指出：以保障机械装备可靠性和安全性的运维技术为重点研究方向。因此，准确的可靠性预测对于减少或避免因行星齿轮传动设计不当而导致的传动系统失效至关重要。它实现了行星齿轮传动的可靠性设计，满足国家发展战略需要，并为行星齿轮传动系统的故障排除和维护方案制定提供了有效的理论指导。这不仅具有重要的理论意义，也为工程实践提供了宝贵的经验和指导，为提高行星齿轮传动系统的可靠性和持久性提供了有力支持。

1.2 齿轮传动可靠性研究现状

齿轮传动作为重要的动力传输和运动传递装置，平稳性和可靠性对传动系统具有至关重要的影响。齿轮传动系统的可靠性分析和优化必不可少，因为忽略这些因素可能导致严重的损失。国内外已经有许多研究致力于齿轮传动系统的可靠性分析和优化。

近年来，国内学者对齿轮传动系统的可靠性设计及优化进行了较为丰富的研究。从 1980 年开始，许多学者纷纷展开了相关研究，并取得了一系列成果。吴波[18]基于齿轮接触疲劳与弯曲疲劳安全裕度的关联，构建了一个涵盖多种失效模式的可靠性模型。孙淑霞等[19-20]将可靠设计与优化设计理论相结合，通过对齿轮传动系统的可靠性分析，构建了一个可靠性优化设计数学模型，采用威布尔分布和极限状态理论，可以有效地描述了各因素对齿轮可靠度的影响，并进行了详细分析。游世辉等[21]提出一种名为随机无网格点插值法(TSMPM)的新方法，并成功将其应用于齿轮系统，用于精确计算其弯曲疲劳强度的可靠度。吴上生等[22]通过可靠性设计和威布尔分布，描述构件受载与寿命的关系，并基于系统可靠度的乘积理论，构建齿轮的可靠性模型，深入研究齿面接触疲劳可靠性与寿命的相关性，并研究各参数对系统可靠性的影响。张利辉[23]采用以 Kriging 模型为基础，以法向模数、齿数、齿宽、螺旋角等为设计变量，以总体积与可靠性为指标构建目标函数，对其进行数学建模。王安麟等[24]针对大齿轮传动机构的可靠性设计问题，以齿宽、齿数、模数等为设计变量，结合工程设计工况的约束与多解特性，对其进行可靠度的分析与计算，为大型行星齿轮系统的优化设计提供新思路和新方案。徐宇豪[25]提出了一种学习函数与 Kriging 代理模型结合的可靠度计算方法，该方法可以有效地解决现有可靠性优化设计中存在的计算效率低下的难题，并适合于具有隐式可靠性约束条件下的可靠性分析。禹蓁仪等[26]以齿轮的模数、齿数、齿宽系数以及当齿轮强度和应力服从对数正态分布时的齿轮接触疲劳强度和齿根弯曲疲劳强度为约束条件建立数学模型，以最小圆柱齿轮体积为优化目标进行设计。黄鼐[27]通过分析齿轮传动系统的主要失效模式和薄弱环节，并在考虑齿轮之间相关性的条件下，采用层次分析法，对齿轮传动系统的各级齿轮进行了可靠度分配，从而建立了可靠性优化设计中的可靠度约束条件，在此基础上，建立以体积为目标的可靠性优化模型。王春华等[28]提出了改进粒子群算法，采用多层罚函数，并在迭代过程中对其进行动态调节，以可靠度为约束，以体积、重合度、传输效率为目标，运用该算法构建优化评估函数，实现多目标优化。杨鹏[29]利用神经网络结构建立能够容纳数量庞大零部件的可靠性网络结构，创建 Monte Carlo 联合仿真方法解决零件内各种故障模式和零件之间的关联故障问题，并利用 MCTS 法在约束条件下进行可靠度自迭代增长的行星轮系关键参数的可靠性设计。李想[30]根据非线性疲劳损伤理论的剩余强度模型，构建预测齿轮剩余强度的可靠性模型，并考虑应力-强度随机特征和失效形式与齿轮相关性，利用当量正态化法计算齿轮的动态可靠度和优化。王纯等[31]将齿轮传动系统的优化目标主要集中在体积和重合度方面，同时建立以可靠性、齿数以及模数等各项约束条件的数学模型，将收缩因子和线性递减惯性权重引入到基本粒子群算法中，得到了带收缩因子的线性递减惯性权重粒子群寻优算法，利用该算法具有收敛速度快和搜索能力强的特点，对齿轮传动系统进行可靠性优化。和鹏[32]提出了一种结构可靠性计算方法来解决消隙齿轮的可靠性灵敏性分析。该方法涉及对模型的非线性失效边界进行采样，考虑到消隙齿轮工程结构的复杂性和隐含性。

国外学者在较早的时候就开始研究齿轮传动系统的可靠性及优化设计，近年来对齿轮传动系统可靠性的研究也逐渐增多。Savage 等[33-34]针对行星齿轮传动系统的可靠性进行了深入研究，选取齿数、模数和齿宽作为关键设计变量，构建了以体积最小化为目标的可靠性优化设计数学模型，并采用了威布尔分布进行分析，准确评估系统的可靠性，充分考虑了内齿轮、太阳轮、行星架和行星齿轮等。Rao 等[35]在考虑了齿轮、轴、轴承、键等故障的情况下，对三级齿轮传动系统进行了可靠性分析，并对其进行了可靠性计算，与常规设计方法进行了对比，给出了随机变量不同分布时各单元和系统的可靠度。Zhang 等[36]将应力-强度分布干涉理论应用在齿轮传动可靠性的计算中，结合 Kriging 模型和遗传算法，对大型球磨机的齿轮体积和可靠性进行了全面的优化处理。Zhou 等[37]研究了采煤机行星齿轮系统的可靠性和基于可靠性的灵敏度分析，对行星齿轮系统的动态性能进行量化，可以有效地对采煤机机构做出风险评估。Li 等[3]考虑到行星轮系由于制造和安装误差，存在负荷分配不均匀的问题，分别对齿轮系统载荷状态和齿轮进行了弯曲疲劳分析，将结果作为可靠性模型的载荷和强度输入变量，以最小统计量为基础，从系统的局部负载特征出发，构建了可靠性模型。Li 等[38]基于多变量表格接触搜索算法的数值程序对风力发电机传动系统建模，同时考虑齿轮齿形优化所需的精确接触几何，并结合风荷载不确定性的影响，转子叶片气动模型，传动系统动力学模型，以及随机接触疲劳破坏模型建立了风力发电机传动系 RBDO 综合计算框架。Sun 等[39]建立系统动态可靠性模型，并考虑强度退化引起的参数不确定，采用随机摄动理论和 Edgeworth 级数法，将模型转换为标准正态分布，计算可靠度和灵敏度分析，观察参数变化对系统可靠性的影响。Li 等[40]利用等效可靠度指数(ERI)方法解决了可靠性分析中代理模型的不确定性，并进一步发展了一种新的平滑灵敏度分析方法，采用高斯方程建模技术，通过蒙特卡罗仿真建立了可靠性分析的高斯混合模型。Tong 等[41]针对齿轮减速器的轻量化问题，考虑设计中的复杂性和隐含性，开展基于响应面、蒙特卡罗和 DPS 的可靠性灵敏度分析，揭示不同结构参数对系统可靠性的影响规律，并进行多目标优化。Cui 等[42]提出利用遗传算法，在齿轮可靠度 Kriging 模型的基础上，通过离散元方法(DEM)求解齿轮传动系统的负载变异系数，实现对实际工况的仿真，得到全局最优解。Chen 等[43]提出建立传动系统的非线性动力学模型，采用龙格-库塔法进行求解，利用雨流计数法对齿轮应力进行统计处理，建立八阶段随机加载模型，并结合非线性疲劳损伤理论，通过应力-强度干涉的修正模型预测出齿轮的动态可靠性。Yang 等[44]提出了一种改进的先进均值(MAMV)方法，以提高先进均值方法在凹形或高度非线性性能度量函数时的效率和鲁棒性，建立了 RV 减速器 RBDO 的数学模型，采用 MAMV 方法与双环方法相结合，对建立的不同目标可靠性的 RBDO 数学模型进行优化。Jiang 等[45]基于电机理论和麦克斯韦方程，建立了永磁齿轮传动系统动力学模型，采用雨流计数法和 Goodman 理论对齿轮变幅疲劳载荷谱进行了统计分析，基于非线性损伤理论和修正的 P－S－N 曲线，预测了齿轮在面临随机载荷次数和强度退化情况下的单失效模式动态可靠性。

1.3 基于代理模型的可靠性分析及优化方法研究现状

近年来，随着计算机硬件性能及数值仿真技术的快速发展，有限元数值仿真软件(如 ANSYS、Nastran、HyperMesh 等)逐渐成为机械工程设计中应用最为广泛的工具。实践表明，数值仿真在建模合理、边界精确时，其结果是精确的，已得到众多工程实践的检验与认可。如果能够将有限元数值仿真应用于结构可靠性分析中，必然会有更大的进步。

然而，在这类复杂且耗时数值计算情况下的可靠性分析，有限元模型的复杂性直接决定隐式极限状态函数的计算量。每进行一次仿真计算所需要的时间少则几分钟，多则几天，对于现代机械产品而言，其结构往往十分复杂。而经典的可靠性分析方法如一阶可靠性(FORM)、二阶可靠性(SORM)等都不再适用，由于数值计算高度非线性会出现计算精度低或不收敛等问题；采用随机模拟法直接去调用数值计算进行可靠性分析，由于单次计算时间较长，大样本的计算也是很难在短时间内完成。即使采用现代大型的服务器或工作站也需要较长时间，无法被工程所接受。因此，对于带有耗时计算的可靠性分析，要在保证精度前提下减少调用数值计算次数是机械可靠性分析设计的核心问题。

为解决带有耗时计算情况下可靠性分析计算量大的问题，国内外常采用代理模型(包括多项式响应面[46]、稀疏多项式[47]、神经网络[48]、支持向量机[49]以及 Kriging 模型等[50])用于替代耗时的数值计算，基本思想是：通过少量样本点处状态函数值得到用于“训练”(或拟合)代理模型的样本点集,构造数值计算响应的近似显式数学表达式,用于替代复杂耗时的数值计算,再采用矩估计法、随机模拟法等进行可靠性分析。由于对一个显式函数进行运算的时间要远小于复杂的数值计算,因此,代理模型技术可以大大提高可靠性分析的计算效率,具有很高的工程应用价值。

Kriging 模型作为一种新型的代理模型技术,是地质学中广泛使用的统计预测法,在线性地质统计学中占有重要地位[51]。该模型基于 Gaussian 随机过程对区域化变量求最优、线性无偏估计,20 世纪 90 年代至今,因其具有精确插值与随机特性,在工业工程、航空航天等领域的黑箱优化得到了广泛应用[52-54]。

近十年 Kriging 模型被引入可靠性分析中,2004 年,Romero 等[55]将 Kriging 模型作为一种数据拟合技术引入到结构可靠性理论与应用中,将其与其他代理模型技术结果作了初步比较,没有任何修正与改进的 Kriging 模型表现出较好的拟合精度。Kaymaz[56]将 Kriging 模型和经典的响应面法进行了全面的对比分析,指出 Kriging 模型的参数值对结果的影响很大,当参数值选取得合适时 Kriging 模型给出的结果较好,此后,Kriging 模型在工程可靠度的计算中受到了学者们的广泛关注。张崎[57]采用拉丁超立方抽样生成样本点集来构造 Kriging 模型,用于海洋平台等隐式响应复杂情况下的可靠度计算,取得较好的结果。2007 年,谢延敏等[58]采用 Kriging 模型来替代系统响应函数进行可靠性计算分析,通过对比可知,各向同性参数的 Kriging 模型精度好于各向异性。2011 年,陈志英等[59]采用粒子群(PSO)优化 Kriging 模型中的参数,并将此模型直接应用在轮盘疲劳可靠性分析中,避免了以往 Kriging 模型参数 θ 的所采用单点序列搜索方式的局部最优的缺点。2012 年,Luo 等[60]采用人工蜂群算法(ABC)优化 Kriging 模型参数,用于边坡可靠性分析中,该研究贡献在于找出模型参数 θ 对 Kriging 预测精度具有较为显著的影响。

近年来,随着研究的不断深入,代理模型的作用发生了转变(图 1.3),不再是简单替代,而是一种基于历史数据来驱动样本点加入,逐渐逼近于极限状态函数的动态选点更新策略机制。在这种新机制下,通过合理构造选点更新策略,可保证所构建的代理模型精确逼近于真实极限状态函数。

动态选点更新策略机制最早起源于 20 世纪 90 年代初的黑箱优化问题上,基本思想为:初始选择较少的试验设计点构建初始 Kriging 模型,随后基于 Kriging 随机特性(即提供未知点处统计均值与方差)找出一个最佳样本点,将其加入到试验设计更新 Kriging 模型,通过动态选点的迭代更新,逐步逼近极限

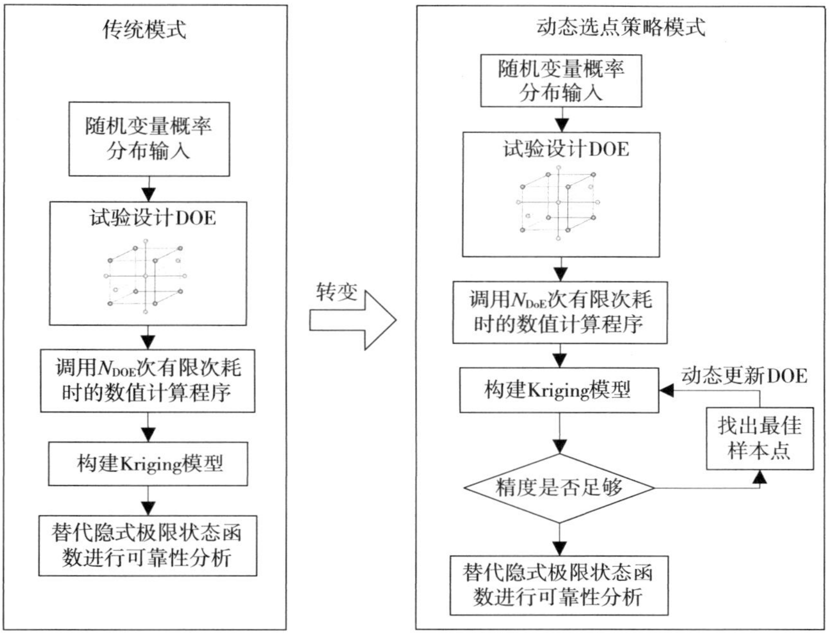

图 1.3　基于动态 Kriging 模型的可靠性分析模式转变

状态函数，而不再是选取固定的试验设计来建立 Kriging 预测函数。优化问题中典型的动态选点更新准则主要包括改善期望准则[61]、改善概率准则[62]、均方差准则[63]、置信下界准则[64]等，能够显著提高黑箱优化计算效率与精度。然而可靠性分析与黑箱优化问题不同，无法直接采用优化问题的动态选点更新函数。许多结构可靠性学者受黑箱优化动态选点更新策略的思想启发，纷纷提出了针对可靠性分析问题的动态选点更新策略[65]。动态选点更新策略在可靠性分析中的研究起步相对较晚，最早在 2008 年，美国 Bichon 等[65]学者受 Jones 等[61]所提出的动态选点更新函数 EIF 的灵感，提出一种自主选点的改善函数 EFF。该可靠性分析方法被誉称为有效全局可靠性分析（EGRA），相比于以往的可靠性分析方法，调用极限状态函数次数明显减少，可显著提高带耗时计算的可靠性分析计算效率。2011 年，Echard 等[66]提出一种新型的动态选点更新的可靠性算法 AK－MCS，该选点更新采用一种称为 U 的学习函数，将可靠度预测最容易错误的抽样点作为最佳样本点，以提高随机模拟抽样点的预测符号正确性。实践表明，AK－MCS 是解决带有耗时计算的可靠性分析计算量大问题的一种比较高效的可靠性分析方法，被众多可靠性学者认可。此后，许多文献在此基础之上改进，纷纷提出一系列的动态选点更新策略，针对一些特殊情况（包括小失效、多维、多模态性、多失效以及强非线性等）提出一些基于动态Kriging模型的改进可靠性分析方法。比如2013年，Echard等[67]将AK－MCS算法思想与重要抽样相结合使其适用于求解小失效概率的可靠性问题，该可靠度算法称为AK－IS，扩展了AK－MCS算法的通用性。2014年，Cadini等[68]在AK－IS基础上进行改进，解决了多区域、小失效的可靠性问题。2015年，Tong等[69]针对小失效概率问题，将AK－MCS思想与子集模拟法相结合，提高了算法对多维随机变量问题的鲁棒性和样本利用率。Lv等[70]采用信息熵理论提出一种新的选点更新函数H，结合线抽样法将其应用在可靠度算法中，相比于AK－MCS，提高了选点更新效率。Yang等[71]针对概率和凸集混合的可靠性问题，基于非概率凸集模型提出了一种动态选点更新策略的可靠度混合算法（ALK－HRA），提高了工程应用的可靠度计算精度。同年，Zhao等[72]通过马尔科夫链确定抽样中心，结合自适应重要抽样与动态选点更新特性，从选点更新策略上提高了可靠性分析的计算效率。2016年，Wen等[73]提出一种动态采样区域策略（SKRA），避免在概率密度低的区域中选择样本，使得区域精度对结果具有可忽略的影响，从而提高了可靠度的选点更新效率与精度。2017年，Sun等[74]基于动态选点更新策略提出一种考虑预测概率精度的改善程度和概率密度的选点更新函数（LIF），较快建立相对精度较高的Kriging预测模型。2018年，Wang等[75]根据Kriging预测模型统计信息大致确定$G(x)=0$所在区域（如$\{x \mid U_{G(x)} \leqslant 2\}$），通过逐步增加该区域内样本点数量，最大程度改善Kriging模型某一精度指标的“最佳样本点”，根据Kriging模型精度指标的表达式构造最佳样本点搜索方法。

随着现代工程技术的发展，考虑不确定性的设计优化已成为实现高可靠性和高安全性工程系统的关键。为了解决制造公差、载荷、材料特性、边界和初始条件等实际工程中存在的不确定性问题，并获得安全可靠的最优解，基于可靠性的设计优化（Reliability Based Design Optimization，RBDO）方法被提出。RBDO结构是一种典型的双层嵌套循环结构，外部循环用于优化，内部循环用于可靠性分析，以得到满足概率约束的问题最优解。概率约束的评定可以采用可靠性指标方法（Reliability Index Approach，RIA）和性能测量方法（Performance Measure Approach，PMA）两种方法[76-77]。RIA通过计算可靠性指标对可靠性进行评估，并将结果与预定可靠性要求进行比较，从而判断是否满足可靠性约束。而PMA采用以一定半径的多维球形域内的功能函数来评价是否违反可靠度约束。双循环优化方法中，可靠性分析次数的剧增对 RBDO 的精度和效率也有很大的影响。为了提高 RBDO 的效率，已经提出了许多近似求解优化策略。Li 等[78]提出了一种主动逼近方法，将概率约束转化为确定性约束。该方法不再依赖于迭代得到的设计解，而是在优化过程开始之前对最可能点（Most Probable Point，MPP）进行转换。这种方法被称为 RBDO 的单循环确定性方法。Du 等[79]提出了序列优化与可靠性评估（Sequential Optimization and Reliability Assessment，SORA）方法。该方法将可靠性分析和优化分开计算，不互相影响，简化了传统的循环嵌套结构。通过将其转变为一个单循环的顺序结构，使得优化过程更加简单，并达到解耦的目的。为了进一步提高 RBDO 的计算效率，Du 等[80]提出了一些增强型 SORA 方法。研究表明，解耦方法效率较高，且能够处理复杂结构的可靠性设计优化问题。

1.4　齿轮动力学分析研究现状

早在 1995 年，Saada 等[81]建立了直齿和斜齿行星齿轮动力学模型，并进一步分析测定了系统的临界频率。到 2000 年，Parker 等[82]便针对直升机所采用的行星齿轮系统，在高速及重载工况下的动力学行为进行了深入探讨。在 2006 与 2007 年间，Chang 等[83-84]对行星齿轮传动系统在不同轴承支撑配置下各组成部件的动力学性能进行了深入研究，这些研究成果为工程师提供了有用的参考价值。2007 年，Ambarisha 等[85]构建了圆柱直齿行星齿轮传动的数学模型，揭示了该系统的复杂非线性动力学现象，包括跳跃现象、混沌运动以及倍周期分岔等。同年，Al-Shyyab 等[86]构建了单级行星轮系离散的非线性动力学模型，并借助谐波平衡法、傅里叶逆变换法等方法求解动力学方程。而后在 2009 年，Al-Shyyab 等[87]建立了复合行星轮系的非线性动力学模型，分析了系统的动力学特性。2011 年，Wang 等[88]构建了一个包含单个行星齿轮组与两组并列轴向齿轮的风力发电齿轮装置的非线性动力学模型，利用时间历程图、相图、庞加莱截面及功率谱等多种分析方法，探讨了在不同系统参数组合下所展现出的非线性动力学特性。2014 年，Li 等[89]在构建非线性动力学模型时，仅考虑了齿轮的扭转效应，分析了啮合阻尼与激励频率对系统混沌行为及分岔特性的影响。2016 年，Sheng 等[90]考虑了齿轮的几何偏心误差、综合传动误差、时变啮合刚度、太阳轮与齿圈副的齿隙和太阳轮轴承间隙，提出了一种多间隙非线性横扭耦合模型，并研究了啮合频率、太阳轮齿隙、齿圈齿隙和太阳齿轮轴承间隙等参数变化，系统表现出不同的分岔和混沌特征以及非线性行为。2018 年，Xiang 等[91]建了多级齿轮的扭转型非线性动力学模型，详细探讨了激励频率、齿侧间隙以及啮合阻尼等参数变化对系统动态特性的影响。2020 年，Liu 等[92]为研究温度变化对系统非线性动态特性的影响，建立了考虑齿轮热效应的行星齿轮动力学模型。2021 年，Wang 等[93]考虑了摩擦、时变啮合刚度、齿侧间隙及综合误差等非线性因素，构建了行星齿轮系统的纯扭转动力学模型，进一步分析了摩擦对系统分岔及混沌特性的影响。同一年，Dong 等[94]考虑多个激励因素，构建了行星齿轮传动系统的非线性弯扭耦合动力学模型，借助时域图和相图等工具对系统的动态反应进行了详尽分析，通过速度振动位移响应曲线研究了系统的非线性振动特性，以齿轮箱振动试验进行验证。2022 年，Zhang 等[95]构建了一个具有 42 个自由度的风力机复合齿轮传动系统动力学模型，模型中将时变啮合摩擦、时变啮合刚度、啮合阻尼、啮合误差及齿侧间隙等要素均考虑在内，深入分析了激励频率和摩擦系数对系统的运动特性的影响。2023 年，Wang 等[96]基于热变形定律，将温度效应与多种非线性因素考虑在内，构建了行星齿轮系统的非线性动力学模型，通过结合最大李雅普诺夫指数图、分岔图以及时域图等分析工具，系统地分析了温度、时变刚度系数及阻尼比变化对行星齿轮系统分岔特性所起作用的规律性特征。同一年，Mo 等[97]建立了一个考虑了时变啮合刚度、齿隙、齿轮偏心误差以及摩擦等非线性因素的面齿轮-行星齿轮的动力学模型，运用多尺度法对系统的主共振属性进行了细致分析，并在此基础上深入探讨了载荷波动幅度、啮合阻尼及啮合刚度对系统幅频特性所产生的影响。

国内对行星齿轮传动系统非线性特性的研究晚于国外，2001 年，孙智民等[98]建立了行星齿轮传动的非线性动力学模型，研究了输入转速和啮合阻尼对系统分岔特性及其向混沌状态演化的路径。2002 年，孙涛等[99]建立了一个包含太阳轮横向振动、啮合副间隙、时变啮合刚度以及综合传递误差等因素的 2K－H 型行星齿轮传动系统非线性动力学模型，深化了对行星齿轮动力学特性的理解。2003 年，孙智民等进一步研究了输入扭矩及综合误差激励作用下行星齿轮传动系统的非线性动力学特性。2009 年，鲍和云等[100]构建了两级星型齿轮传动系统的非线性动力学模型，该模型将系统的综合啮合误差、时变啮合刚度以及齿侧间隙等因素考虑在内，探讨了齿侧间隙对系统动力学特性所产生的影响。2010 年，朱恩涌等[101]提出了一种 2K－H 型行星齿轮非线性动力学模型，模型中考虑了齿面摩擦力、齿侧间隙及综合啮合误差，探究了齿面摩擦对系统动态响应的影响。2011 年，李同杰等[102]构建了行星齿轮系纯扭转非线性振动模型，通过数值积分方法详细研究了行星齿轮系统随激励频率及齿侧间隙等参数变化的全局分岔特性。2012 年，刘振皓等[103]建立了 Ravigneaux 式复合行星齿轮传动系统的纯扭转动力学模型，模型中包含了齿侧间隙、时变啮合刚度及综合啮合误差等因素，并利用增量谐波平衡法求解了系统运动微分方程，获得了系统的稳态响应。2013 年，李同杰[104]建立了行星齿轮纯扭转动力学模型，运用 Floquet 稳定性理论与 CPNF 方法，系统地探讨了系统参数变化对行星齿轮动力学特性、动态均载性能以及啮合冲击特性影响的规律性特征。2018 年，向玲等[105]在分别分析风电行星齿轮系统在随激励频率变化和综合啮合误差时考虑时变啮合刚度、综合啮合误差以及齿侧间隙等非线性因素，并结合时间历程图、FFT 频谱图、相图、Poincaré 截面图、分岔图以及最大 Lyapunov 指数图等多种分析工具进行分析。2019 年，刘志宇等[106]在构建齿轮副 6 自由度弯扭耦合振动模型中，充分考虑了时变摩擦、时变啮合刚度及齿隙等非线性因素，分析揭示了在各种参数变化下齿面摩擦对系统分岔特性产生的影响。2020 年，刘宁[107]考虑了时变啮合刚度、啮合阻尼及综合误差等激励因素，构建了摩擦、弹流润滑与随机齿侧间隙这三类非光滑因素的行星齿轮传动系统动力学模型，并对参数变化对动力学响应产生的影响进行了系统分析。同年，赵永盛[108]在探讨两级行星齿轮传动系统的弯扭耦合振动特性时，考虑了齿轮的时变啮合刚度、行星轮位置角的时间变性、齿侧间隙、制造误差、安装误差、齿形误差、轴承支撑刚度以及各级行星排连接件的弯曲刚度与扭转刚度等多种因素，建立了非线性动力学模型，研究了系统参数变化对振动频率及行星齿轮的均载特性所产生的影响。向玲等[109]为分析了激励频率与啮合阻尼比对系统振动响应及分岔特性产生的影响，构建了风电齿轮箱两级行星轮系统动力学模型时，此模型充分考虑了各齿轮副的时变啮合刚度、综合啮合误差及齿隙等非线性因素。2022 年，宁志远等[110]为了研究齿轮磨损对行星齿轮动力学特性的影响，建立了考虑齿轮非线性磨损与齿侧间隙的非线性动力学模型。2023 年，张磊等[111]建立行星齿轮传动系统动力学模型时，充分考虑了系统振动、齿侧间隙与啮合角之间的相互作用关系，并以转速为变量对比分析了固定间隙模型与固定啮合角模型在系统动态响应上的差异。

第一篇　齿轮传动数值建模与分析方法

第 2 章　齿轮传动参数化建模分析

2.1　齿轮参数化建模基本方法

2.1.1　参数化建模

参数化建模在工程设计和有限元分析中扮演着重要的角色，其核心在于利用参数化语言来描述和构建模型，使得模型的建立和分析过程更为高效和灵活。具体而言，参数化建模通过设定一系列的参数来定义模型的几何形状、材料属性、边界条件等，从而精确地求解问题，其模拟结果接近实际值。这些参数可以根据实际需要进行调整，从而实现对模型的快速修正和优化。相较于传统的建模方法，参数化建模极大地提高了建模的效率和准确性，降低了重复操作和错误的可能性。在有限元分析中，参数化建模的应用尤为广泛。通过编写参数化语言脚本，可以自动化地完成模型的建立、网格划分、载荷施加等步骤，从而实现对多个不同参数组合的批量分析。这不仅节省时间，还能更全面地了解模型在不同条件下的性能表现，为工程设计提供更为可靠的依据。

2.1.2　齿形几何参数

本书以标准渐开线直齿圆柱齿轮作为研究对象，而参数化建模的关键在于确定齿轮的参数和几何尺寸计算公式。渐开线齿轮的齿形由渐开线和过渡线组成，是在建模过程中需要考虑的重要因素。渐开线齿轮的齿形和几何尺寸取决于模数 m、压力角 α、齿数 Z、齿顶高系数 h_a^*、顶隙系数 c^* 和齿宽 B 这六个基本参数。渐开线标准直齿轮基本参数和几何尺寸公式分别如图 2.1 和表 2.1 所示。

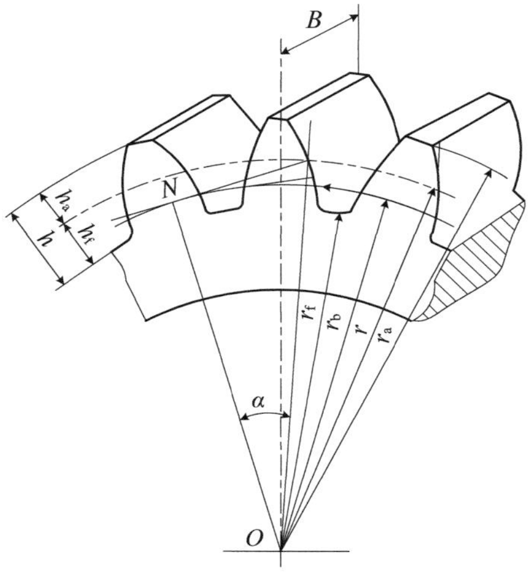

图 2.1　直齿圆柱齿轮

表 2.1　渐开线标准直齿圆柱齿轮几何尺寸公式表

名称	符号	公式
分度圆直径	d	$d = 2r = mz$
基圆直径	d_b	$d_b = 2r_b = d\cos\alpha$
齿顶高	h_a	$h_a = h_a^* m$
齿根高	h_f	$h_f = (h_a^* + c^*)m$
齿顶圆直径	d_a	$d_a = 2r_a = d \pm 2h_a$
齿根圆直径	d_f	$d_f = 2r_f = d - 2h_f$
中心距	a	$a = \frac{1}{2}m(z_1 \pm z_2)$

注："+"用于外齿轮或外啮合传动，"−"用于内齿轮或内啮合传动。

2.1.3　渐开线曲线方程的确定

渐开线的生成原理是在圆上作纯滚动的情况下，直线 BK 上点 K 的轨迹形成了这个圆的渐开线，如图 2.2 所示。主要由基圆、发生线 NK、起始点 A、

切点 B、展角 θ_K 和压力角 α_K 等要素组成。

渐开线极坐标参数方程为：

$$\begin{cases} r_K = \dfrac{r_b}{\cos \alpha_K} \\ \theta_K = \tan \alpha_K - \alpha_K \end{cases} \tag{2-1}$$

渐开线直角坐标参数方程为：

$$\begin{cases} x = r_b \cos \theta + r_b \theta \sin \theta \\ y = r_b \sin \theta - r_b \theta \cos \theta \end{cases} \tag{2-2}$$

式中　θ ——渐开线在 K 点的滚动角，$\theta = \theta_K + \alpha_K$；

α_K—— 压力角；

θ_K—— 展角；

r_b—— 基圆半径。

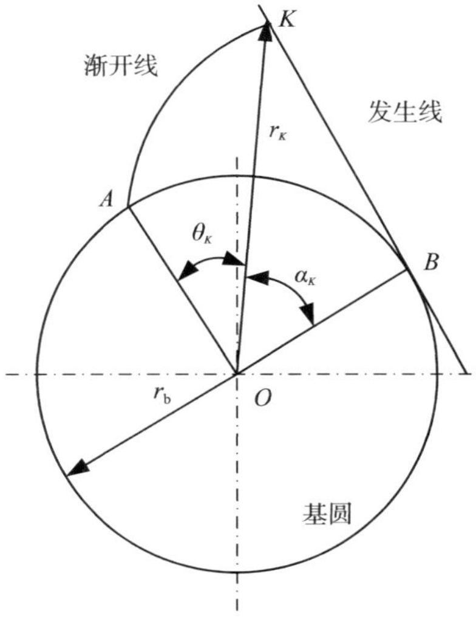

图 2.2　渐开线生成原理

2.1.4　齿根过渡曲线方程的确定

在实际的应用中，齿根过渡曲线对齿轮抗弯强度的影响很大，但它不能直接参与到齿轮的啮合过程中。准确的齿形能有效地改善有限元模拟的精度，所以确定其精度非常重要。因此，精确的齿根过渡方程，既能提高齿轮抗弯强度的精度，又能提高数值模拟结果的可信度，为后续研究提供更可靠的依据。

齿根过渡曲线是在成形加工时，用带圆角或尖角的工具加工而形成的。本书选取具有尖角的齿条刀具，进行参数化建模处理。

过渡曲线方程为：

$$\begin{cases} x = r \times \sin(\phi) - \left[\dfrac{a_1}{\sin(\gamma)} + r_\rho\right] \times \cos(\gamma - \phi) \\ y = r \times \cos(\phi) - \left[\dfrac{a_1}{\sin(\gamma)} + r_\rho\right] \times \sin(\gamma - \phi) \end{cases} \tag{2-3}$$

其中：

$$\phi = [a_1/\tan(\gamma) + b_1]/r \tag{2-4}$$

$$r_\rho = c^* m/(1 - \sin\alpha) \tag{2-5}$$

$$a_1 = (h_a^* + c^*) \times m - r_\rho \tag{2-6}$$

$$b_1 = \pi m/4 + h_a^* m \tan\alpha + r_\rho \cos\alpha \tag{2-7}$$

式中 r——分度圆半径；

c^*——顶隙系数；

h_a^*——齿顶高系数；

m——模数；

α——压力角，且 $\alpha \leqslant \gamma \leqslant \dfrac{\pi}{2}$。

2.2 齿轮传动零部件参数化建模

本节在参数化建模理论的基础上，利用 APDL 的参数化方法建立了行星齿轮传动系统的参数化模型，进行静力学分析，将其与理论计算和系统性仿真的结果进行对比分析。

APDL 是 ANSYS 软件中的参数化设计语言，通过编写程序实现基本操作与数据处理。相比于传统的手动操作，APDL 能够更为便捷地完成有限元法计算操作，尤其对于复杂模型的更改具有简便性。此外，还可以与其他应用进行联合，实现更广泛的应用。

2.2.1 齿轮参数化模型

以渐开线直齿圆柱齿轮的建模为例，基于 APDL 参数化建模的具体步骤如下：

① 使用 ANSYS 中的 APDL 语言编程来进行关键点提取和齿廓曲线的生成。这个过程涵盖了生成齿廓曲线所需的关键点以及连接这些点的样条曲线等步骤。根据曲线方程，使用 APDL 语言，自动计算出齿廓曲线上的一系列关键点的坐标值，并创建这些关键点。随后，利用 ANSYS 的内部命令，将这些关键点进行连接，从而精准地生成齿廓曲线以及齿根过渡曲线。为提高程序计算的准确性和效率，本书采用 101 个关键点进行曲线拟合，如图 2.3 所示。ANSYS 建立渐开线关键点的程序如下：

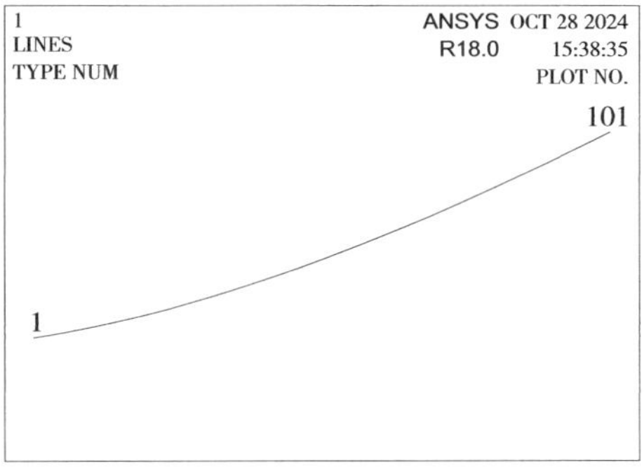

图 2.3　齿轮渐开线

```
*DO,i,0,100
ac=(amax-amin)/100
a=ac*i+amin
x=rb2*cos(tan(a)-a)/cos(a)
y=rb2*sin(tan(a)-a)/cos(a)
K,x,y,0
*ENDDO
```

其中，*DO 表示循环计算任意圆上坐标；amax 和 amin 表示任意圆上压力角的最大值和最小值；a 表示任意圆上压力角；x 表示任意圆对应曲线的 x 坐标值；y 表示任意圆对应曲线的 y 坐标值。

② 由表 2.1 中的公式得到的齿根圆直径与孔径生成一个圆环，删除生成的圆环面和多余的线连接渐开线并做倒角，绘制齿顶圆关键点与渐开线和圆环上的关键点连接，得到部分齿形面，并对面进行分割，以便于网格划

分，如图 2.4 所示。

③ 采用 LESIZE 命令对齿形面中的线进行等分，指定 2D 结构的自由网格，再采用 AMESH 命令对齿形面进行网格划分，如图 2.5 所示。

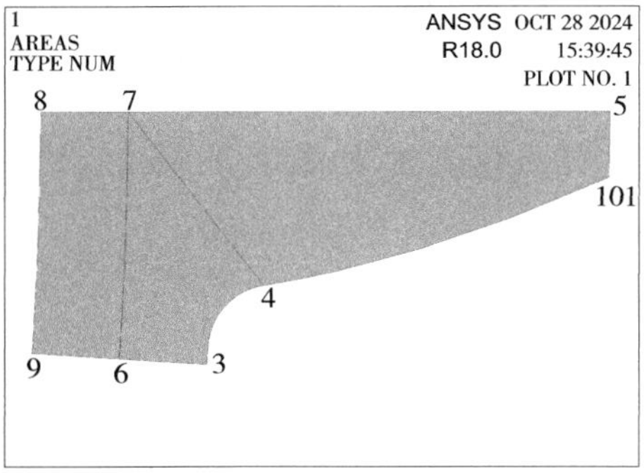

图 2.4　齿形面图

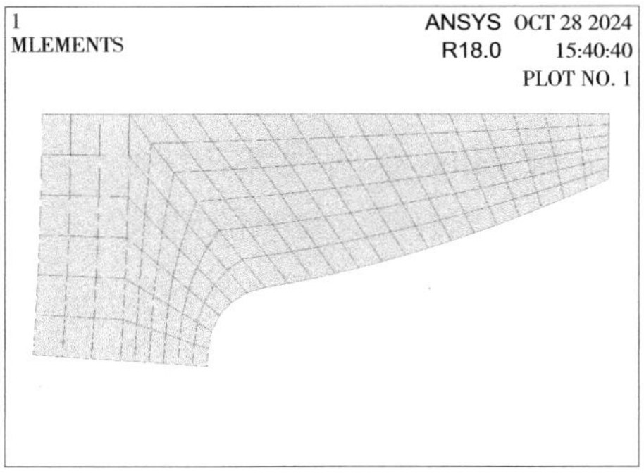

图 2.5　齿形面网格划分

④ 将画完网格的齿形面进行镜像操作，生成完整的单个齿形面，再应用 AGEN 命令进行圆周阵列得到完整的平面齿轮，如图 2.6 所示。

⑤ 平面齿轮已经建立完成，使用 VEXT 命令对面进行拉伸，从而完成齿轮的建模。最终得到的三维模型如图 2.7 展示。

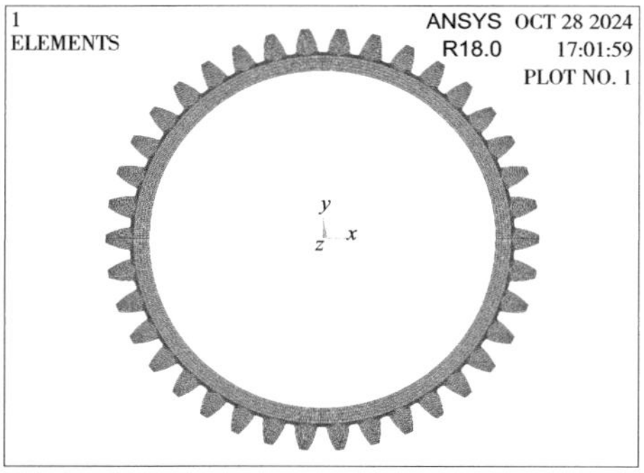

图 2.6　单个齿轮平面图

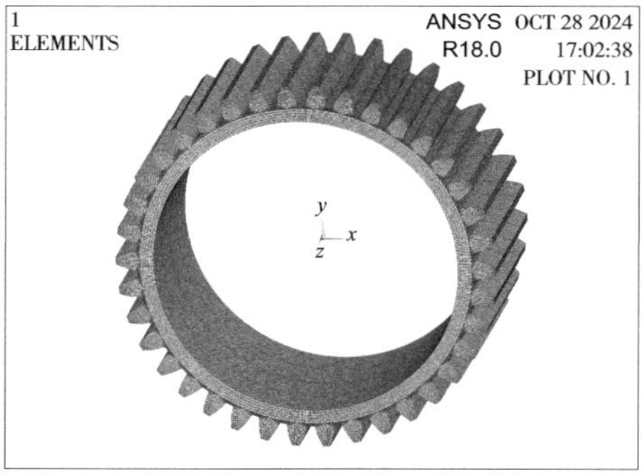

图 2.7　单个齿轮立体图

2.2.2　主轴参数化模型

采用 APDL 参数化语言，建立主轴的有限元参数化模型，具体参数如表 2.2

所示。主轴的材料选用 40 Cr，泊松比为 0.3，弹性模量为 210 GPa，密度为 7.82×10^{3} kg/m^{3}。

表 2.2 主轴参数

轴段	轴段长度/mm	左端外径/mm	右端外径/mm	左端内径/mm	右端内径/mm
1	45	90	90	82	82
2	136	90	103	82	95
3	30	103	120	95	112
4	70	120	120	112	112
5	42	120	96	112	88
6	89	96	96	88	88

通过主轴的尺寸建立关键点并连接，得到主轴的截面，并对面进行分割，以便于网格划分，生成 2D 网格，如图 2.8 所示。将得到的截面采用 VROTAT 命令进行旋转拉伸，完成主轴的参数化建模，如图 2.9 所示。

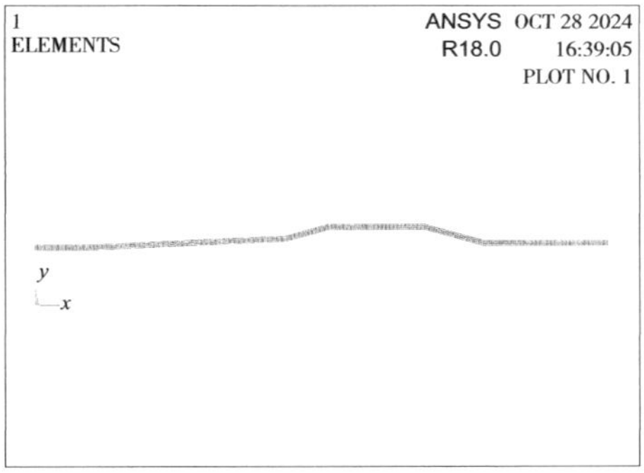

图 2.8 主轴截面图

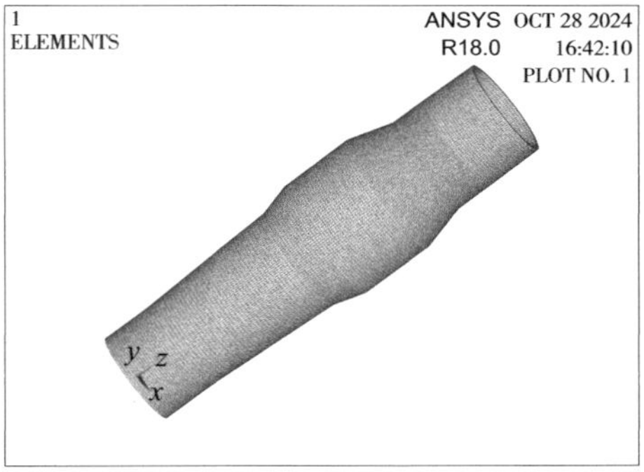

图 2.9 主轴立体图

2.2.3 行星架参数化模型

行星架为双侧板整体式结构，其上安装 5 个行星轮，两个侧板通过连接板相连，连接板的数量与行星轮个数相同。采用 APDL 参数化语言，建立行星架的有限元参数化模型，其参数如表 2.3 所示。行星架的材料选用 40 Cr，其性能指标见前文。

表 2.3　行星架参数

轴段	轴段长度/mm	左端外径/mm	右端外径/mm	左端内径/mm	右端内径/mm
1	6	340	340	140	140
2	68	340	340	320	320
3	6	340	340	88	88
4	80	95	95	88	88

在创建行星架的过程中，首先要确立行星架部分的基本特征平面，剪除用于安装行星轮的部分，对剩余部分进行网格划分，如图 2.10 所示。将所得平面执行镜像操作，然后应用 AGEN 命令进行圆周阵列，得到完整的侧板平面图，并对其进行拉伸。遵循同样的步骤，建立另一个侧板、连接板和输出端，完成行星架参数化模型如图 2.11 所示。

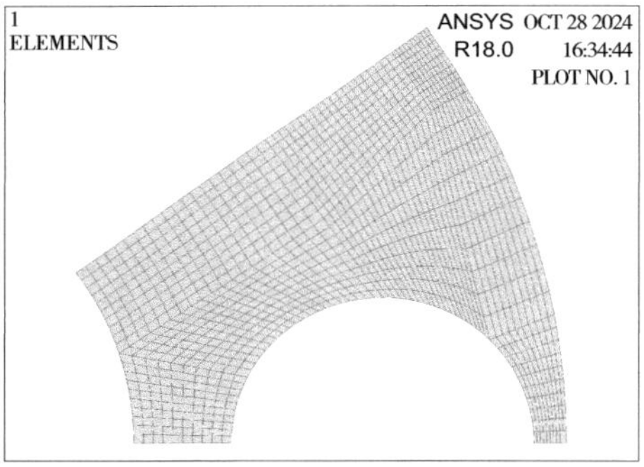

图 2.10　行星架特征平面图

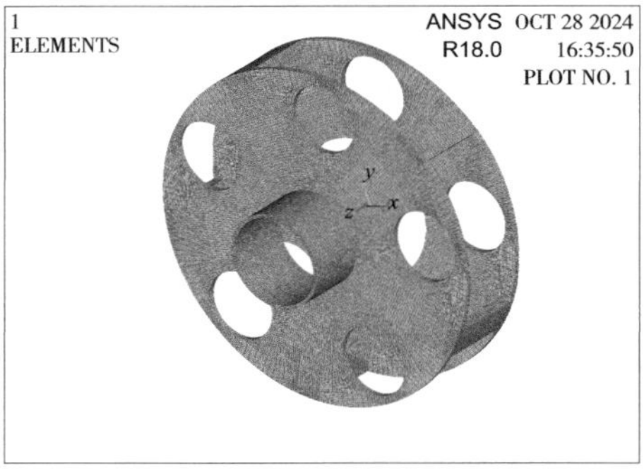

图 2.11　行星架立体图

2.3　齿轮传动系统参数化建模

首先利用 APDL 语言完成太阳轮的建模。随后通过布尔运算创建内齿圈，并建立行星轮。接着利用复制命令制作其余的行星轮模型，在完成复制的行星轮后进行旋转定位。最后对建立好的齿轮面进行拉伸，完成整个行星齿轮系统的三维模型建立。行星齿轮具体参数如表 2.4 所示。齿轮材料选用 20 CrMnTi，泊松比为 0.3，弹性模量为 210 GPa，密度为 $7.9\times10^3\ kg/m^3$。

表 2.4　行星齿轮参数

基本参数	符号	数值
模数/mm	m	3
压力角/(°)	α	20
太阳轮齿数	Z_1	38
行星轮齿数	Z_2	47
内齿圈齿数	Z_3	132
行星齿轮个数	k	5
齿顶高系数	h_a^*	1
顶隙系数	c^*	0.25
齿宽/mm	B	54

2.3.1　建立行星齿轮参数化模型

在建立行星齿轮系统时，首先建立太阳轮和行星轮的有限元模型，随后利用 APDL 中的 AGEN 指令，在太阳轮的极坐标下，对行星轮进行均匀分布。由于行星轮在复制时方位不变，将引发行星轮与太阳轮、行星轮与内环齿轮之间的轮齿干涉。要解决这两个相互干扰的问题，必须先研究并分析行星齿轮传动的基本运行模式及运动规律。

行星齿轮传动系统具备多样化的工作模式，通过调整工作模式，可以实现不同的齿轮传动比，从而灵活满足各种实际需求。在齿轮系统中，各齿轮之间的几何关系是固定不变。因此，在研究行星轮的运动规律，可以用不同的参照系统进行研究。本书行星轮系采用 NGW 的行星齿轮系统，以太阳轮、行星架为输入与输出，内齿圈静止不动，行星轮围绕太阳轮进行自转。若将行星架固定不动，行星轮系视为二级定轴轮系。两种工作方式如图 2.12 所示。

若以内齿圈为参考系，则内齿圈固定不动，太阳轮和行星架输入输出时，行星轮系的传动比 $i_{1H}=1+Z_3/Z_1$，则当太阳轮转动∠AOC 时，行星架转动角∠AOB=∠AOC/i_{1H}。若以行星架为参考系，当太阳轮转动∠AOC 时，∠AOB 相当于内齿圈转动的角，而此时行星轮转动的角度 ϕ 如下：

$$\phi=\frac{Z_1}{Z_2}\times\angle AOB \tag{2-8}$$

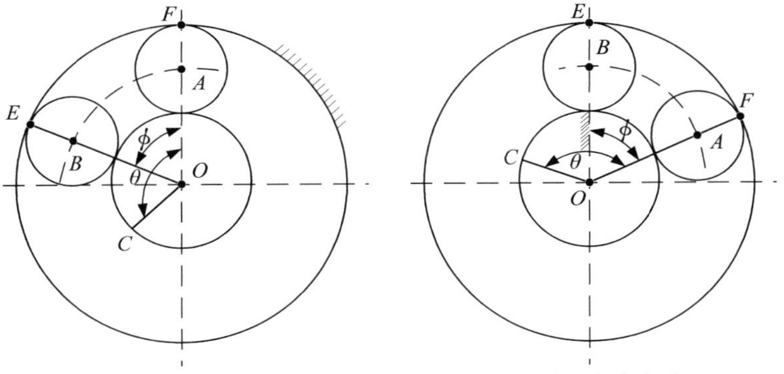

（a）内齿圈参考系　　　　（b）行星架参考系

图 2.12　行星轮系的工作方式

由于行星轮在太阳轮周围均匀分布，所以两个相邻行星轮和太阳轮中心的夹角都相等，其大小为 360/ k（k 为行星齿轮的个数）。由上式可知，为达到均匀分配装配，且互不干涉，则此时行星轮转动到相邻齿轮位置所需要自转角度为 ϕ 如下：

$$\phi = \frac{Z_1}{Z_2} \times 360/k \tag{2-9}$$

经过调整行星轮的自转角后，太阳轮和行星轮啮合，内齿圈和行星轮的轮齿也达到啮合状态，使得行星轮得以均匀分布在这一系统中，如图 2.13 和图 2.14 所示。

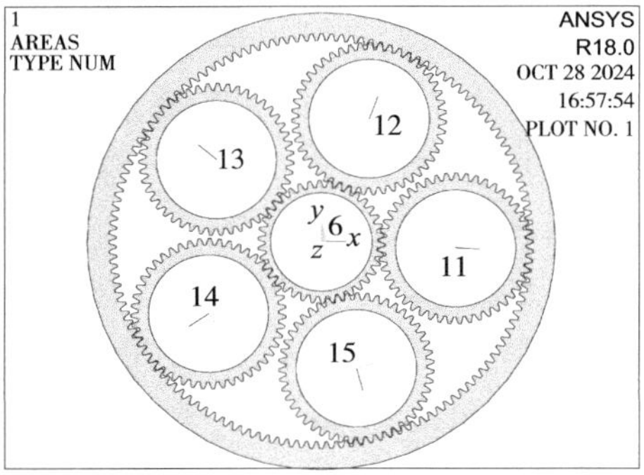

图 2.13　行星轮系平面图

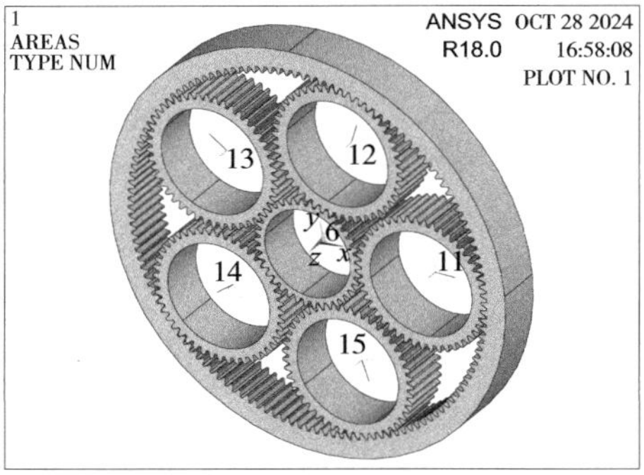

图 2.14　行星轮系立体图

2.3.2　建立齿轮面与面的接触

在进行接触对建立之前，必须确定可能发生接触的区域，并将其定义为目标单元和接触单元，且具有一样的实常数并彼此相关。本书采用命令流的方式建立接触对，选择面对面接触方式进行有限元分析，将太阳轮的齿面作为目标面，单元类型选为 TARGE170，将行星轮的齿面作为接触面，单元类型选为 CONTA174。在齿轮啮合传动过程中，可能会有单齿啮合或双齿啮合，因此需要定义多个接触对，且同一个接触对的接触单元和目标单元必须具有相同的实常数。

2.3.3　载荷与约束的施加

在进行 ANSYS 有限元模拟仿真时，选择适当的加载方式和设置正确的边界条件至关重要。选择不同的加载方式和设置不同的边界条件会对齿轮接触分析的结果产生不同的影响。

本书使用静力学分析方法来模拟齿轮在实际传动过程中的啮合状态。在模拟过程中，约束从动齿轮轴孔各个方向上的自由度以及主动齿轮轴孔的径向自由度，并施加转矩在主动齿轮上。为了更便于施加加载约束，将全局坐标系转换为柱坐标系，首先对从动轮行星轮进行固定约束，随后对主动轮太阳轮施加转矩。通过对齿轮中心孔节点进行径向、轴向和圆周方向的约束，完成载荷与约束的施加。主动轮的转矩为 5 247 923 N·mm，转矩计算如式(2-10)所示。由于本书仅考虑太阳轮与一个行星轮啮合的情况，所以施加的转矩为 1 049 584 N·mm。

$$T = 9.55 \times 10^6 \frac{P}{n} \tag{2-10}$$

式中　T——转矩，N·mm；

P——功率，860 kW；

n——主动轮转速，1 565 r/min。

2.3.4　收敛性分析

模型求解的精度与单元尺寸紧密相关。通常情况下，通过减小单元尺寸，即实现网格的细化，可以显著提升计算结果的精度。然而，这种网格的过度细化也会导致求解时间的显著增加。因此，为找到合适的网格尺寸，选取一对齿轮进行接触分析，如表 2.5 所示，不同网格划分的计算结果。

表 2.5　不同单元尺寸的计算结果

单元尺寸/mm	有限元解/MPa	理论值/MPa	误差	时间/min
1	936	1 133	0.174	0.5
0.8	1 060		0.064	0.8
0.6	1 065		0.060	2
0.5	1 088		0.040	6
0.4	1 114		0.017	10

从表 2.5 可知，随着网格划分的逐步加密，有限元解也逐渐趋近于理论值，计算时间逐步增加。单元尺寸为 1 mm、0.8 mm、0.6 mm、0.5 mm 和 0.4 mm 时的有限元解与理论值绝对误差，其中 0.5 mm 和 0.4 mm 均满足工程精度要求。综合考虑计算精度和运算时间，采用 0.4 mm 的单元网格是较为适宜的。

2.4　本章小结

本章的重点是对某行星减速器进行建模和静力学分析，使用了 ANSYS 参数化编程语言。通过改变齿轮的基本参数，能够通过调整模型参数并获得不同的分析结果。在有限元仿真分析中，得到了接触应力和弯曲应力的数据，并进行了相应的校核。最后将参数化模型导入 Romax 中，建立了考虑各零部件在实际运行时对齿轮强度产生影响的刚柔混合模型。该模型能够模拟真实工况下齿轮的运行情况，同时进行详细的仿真分析，并验证了参数化模型的正确性。这为后续的结构的可靠性优化工作奠定了坚实的基础。

第 3 章　行星齿轮传动系统非线性动力学建模分析

3.1　概述

行星齿轮传动系统作为直升飞机主减速器的关键零部件，其动态特性将影响传动的平稳性和工作的可靠性。在传动的过程中，太阳轮与行星轮相互啮合、行星轮与齿圈啮合，齿轮的误差、啮合冲击、时变啮合刚度等内部激励和外部载荷激励的存在，使得动力传递非常复杂。行星齿轮动力学的建模对后续的分析显得尤为重要，集中质量模型是被广泛使用的模型，该模型有纯扭转动力学模型和平移扭转耦合动力学模型。本章以某型直升飞机主减速器的行星齿轮系统为研究对象，采用的是自由度较少的纯扭转动力学模型，完全满足行星齿轮可靠性分析的求解要求。行星齿轮个数为 3，行星齿轮的基本参数如表 3.1 所示。

表 3.1　行星齿轮传动系统主要参数

名称	太阳轮	行星轮	齿圈	行星架
齿数	38	47	132	—
模数/mm	3			
压力角/(°)	20			
泊松比	0.28			
齿顶高系数	1			
弹性模量/GPa	210			
顶隙系数	0.25			
齿宽	54	50	54	—
转动惯量/($kg \cdot m^2$)	0.017 0	0.005 8	0.276 6	0.224 9

3.2 行星齿轮传动系统动态激励

3.2.1 时变啮合刚度

由于齿轮的重合度在 1～2 之间，这就导致齿轮在传动时，单、双齿交替啮合，啮合点变形量也随着单、双齿的啮合而发生改变。因此，齿轮的啮合刚度随时间呈现周期性变化，齿轮的时变啮合刚度是评价齿轮系统性能好坏的主要指标。

(1) 势能法

在分析中，将轮齿视作一个非均匀的悬臂梁结构(图 3.1)，其中 L_e 为梁的有效长度，从基点 M 到顶圆边缘的垂直距离。将沿着轮齿的对称轴线将其有效接触区域细分为一系列矩形微元，每个微元以符号 i 标识，对于每一个这样的矩形微元，其高度、横截面积以及对中性轴的惯性矩 I 均取其两侧边界的平均值，微元 j 处受的载荷 W_j 的力，q_j 表示单个轮齿在 j 点上的变形，这种变形可分解为三部分的弹性变形：

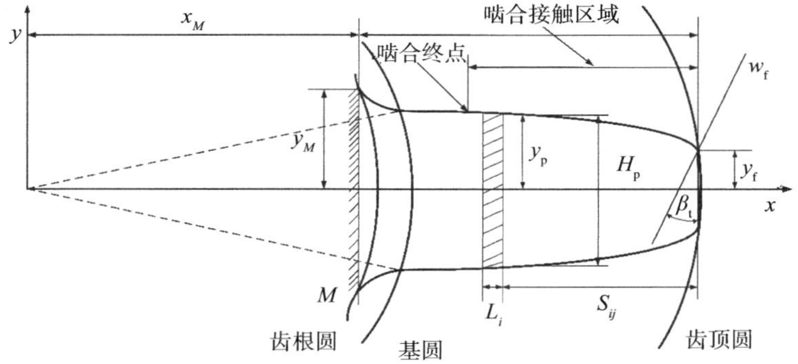

图 3.1　轮齿变形的计算模型

① 由轮齿上的剪切力引起的剪切变形 δ_s、承受轴向载荷时的轴向压缩变形 δ_a 和承受传递扭矩和径向载荷的弯曲变形 δ_b。

② 受应力作用下过渡圆角位置上的基体变形 δ_f。

③ 由接触应力造成的局部接触变形 δ_h。

微元 i 的厚度设为 L_i，I_i 为惯性矩、A_i 表示横截面积，S_{ij} 为微元 i 在 x 轴方向上与 j 点之间的距离，β_j 是 W_j 与 y 轴的夹角，轮齿部分的变形在载荷 W_j 作用点处沿载荷方向的变形为 q_{bj}。通过微元变形的叠加，固定微元的左端，并认为微元在右端面相接触的部分是刚体，则轮齿部分的变形为：

$$q_{bj} = \sum_{i=1}^{n} q_{bij} \tag{3-1}$$

式中　n —— j 点左面直到 M 点的微元体的总数；

q_{bij} ——载荷在 i 处微元的变形。

图 3.2 是简化的等效受力图，由三个部分组成：F_x 作用下的压缩变形；F_y 和 M 作用下的弯曲变形；F_y 作用下的剪切变形。

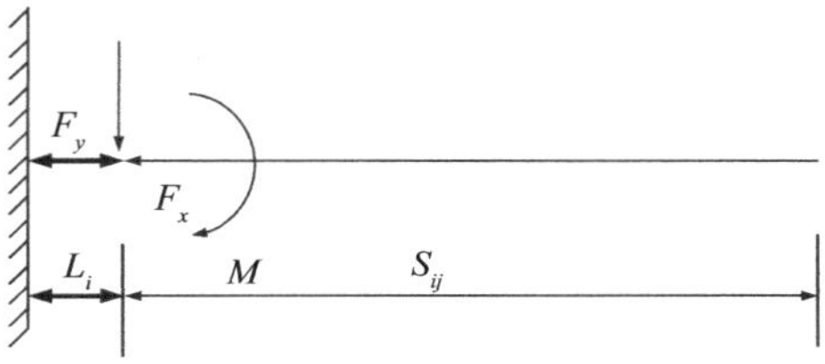

图 3.2　等效简化受力图（将 W_j 作用点等效至微元的左端）

在 x 轴方向的分力 $F_x = W_j \sin\beta_j$，在 y 轴方向的分力 $F_y = W_j \cos\beta_j$，等效弯矩 $M = W_j(S_{ij}\cos\beta_j - Y_j\sin\beta_j)$，压缩变形 $\delta_a = \dfrac{F_x}{E_e A_i}L_i = \dfrac{W_j L_i}{E_e A_i}\sin\beta_j$，$F_y$ 作用下的挠度 $\omega_1 = \dfrac{F_y L_i^3}{3E_e I_i} = \dfrac{W_j L_i^3}{3E_e I_i}\cos\beta_j$，$F_y$ 作用下的转角 $\theta_1 = \dfrac{F_y L_i^2}{2E_e I_i} = \dfrac{W_j L_i^2}{2E_e I_i}\cos\beta_j$。

在 M 作用下的挠度 $\omega_2 = \dfrac{ML_i^2}{2E_e I_i} = \dfrac{W_i L_i^3}{2E_e I_i}(S_{ij}\cos\beta_j - Y_j\sin\beta_j)$，$M$ 作用下的转角 $\theta_2 = \dfrac{ML_i^2}{2E_e I_i} = \dfrac{W_i L_i^3}{2E_e I_i}(S_{ij}\cos\beta_j - Y_j\sin\beta_j)$。

弯曲变形 $\delta_b = \omega_1 + \theta_1 S_{ij} + \omega_2 + \theta_2 S_{ij}$，剪切变形 $\delta_s = \dfrac{kF_y L_i}{GA_i} = \dfrac{12W_j L_i(1+v)}{5E_e A_i}\cos\beta_j$。

在齿轮的渐开线上发生的变形可由下式表示：

$$\delta_{bij}=\left(\frac{W_j}{E_e}\right)\left\{\cos^2\beta_j\left(\frac{L_i^3+3L_i^2S_{ij}+3L_iS_{ij}^2}{3I_i}\right)-\cos\beta_j\sin\beta_j\left(\frac{L_i^2Y_j+2L_iY_{ji}S_{ji}}{2I_i}\right)+\right.$$
$$\left.\cos^2\beta_j\left[\frac{12(1+\nu)L_i}{5A_i}\right]+\sin^2\beta_j\left(\frac{L_i}{A_i}\right)\right\} \tag{3-2}$$

式中　Y_j ——j 点处轮齿半个齿厚的大小；

ν ——泊松比；

E_e ——有效弹性模量，在齿轮中有效弹性模量的大小与齿轮啮合时的应力和应变有关，若为宽齿则是平面应变，窄齿则是平面应力。

R 代表齿宽 B 与节点处齿厚 H_p 的比值，如果 R 大于 5，则表示齿轮为宽齿，则有效弹性模量可表示为：

$$E_e=\frac{E}{1-\nu_2} \tag{3-3}$$

若 R 小于 5 为窄齿，则有效弹性模量为：

$$E_e=E \tag{3-4}$$

微元对中性轴的惯性矩的计算式为：

$$I_i=\frac{2}{3}h_i^3b \tag{3-5}$$

微元截面积的计算式为：

$$A_i=2h_ib \tag{3-6}$$

由 Cornell[113] 理论可知，基体变形量 q_{fj} 分为窄齿和宽齿，对于窄的齿轮的基体变形量可表示为：

$$\delta_{fj}=\frac{W_j\cos^2\beta_j}{BE}\left[5.306\left(\frac{L_f}{H_f}\right)^2+2(1-\nu)\left(\frac{L_f}{H_f}\right)+1.534\left(1+\frac{0.4167\tan^2\beta_j}{1+\nu}\right)\right] \tag{3-7}$$

对于齿面较宽的齿轮，它的基体变形量则可表示为：

$$\delta_{fj}=\frac{W_j\cos^2\beta_j}{BE}(1+\nu^2)\left[\begin{array}{l}5.306\left(\frac{L_f}{H_f}\right)^2+2\left(\frac{1-\nu-2\nu^2}{1-\nu^2}\right)\left(\frac{L_f}{H_f}\right)+\\1.534\left(1+\frac{0.4167\tan^2\beta_j}{1+\nu}\right)\end{array}\right] \tag{3-8}$$

L_f 和 H_f 的计算，可通过有效长度 L_e 得到，其公式为：

$$L_f=X_j-X_M-Y_j\tan(\beta_j) \tag{3-9}$$

$$H_f=2Y_M \tag{3-10}$$

关于 X_M 和 Y_M，文献[114]给出了计算方法。

在啮合点的局部接触变形计算公式为：

$$\delta_{\mathrm{h}}=\frac{1.275}{E_{12\mathrm{e}}^{0.9}B^{0.8}W_j^{0.1}} \tag{3-11}$$

式中 W_j ——法向载荷，$E_{12\mathrm{e}}=\dfrac{2E_{1\mathrm{e}}E_{2\mathrm{e}}}{E_{1\mathrm{e}}+E_{2\mathrm{e}}}$。

实际上 δ_{h} 是以 Hertz 接触式为基础，且 δ_{h} 与 β_j 无关，接触变形量在 $E_{12\mathrm{e}}$ 和 B 确定的情况下，与 W_j 成正比例关系；若 W_j 为定值，则 δ_{h} 变形量为常量。

一对啮合轮齿在 j 点处总变形量为：

$$\delta_j=(\delta_{\mathrm{b}j}+\delta_{\mathrm{f}j})_1+\delta_{\mathrm{h}}+(\delta_{\mathrm{b}j}+\delta_{\mathrm{f}j})_2 \tag{3-12}$$

式中 下角标的 1、2——主动轮和从动轮。

齿轮在 j 啮合时的啮合刚度 K_j 为法向载荷 W_j 与变形总量 δ_j 在的比值，表达式如下：

$$K_j=\frac{W_j}{\delta_{12j}} \tag{3-13}$$

(2) 单、双齿啮合时间的计算

齿轮在啮合周期内单齿与双齿啮合时长的确定，取决于齿轮啮合频率与重合度两个关键因素。首先，通过将齿轮副中任意齿轮的齿数与其旋转速度相乘，即可得到齿轮的啮合频率，由于一对啮合齿轮在啮合过程中具有相同的啮合频率，故只需选取其中一对齿轮的参数进行计算。随后，通过啮合频率即可推算出齿轮啮合的完整周期时长。计算公式如下所示：

$$T=\frac{1}{nz} \tag{3-14}$$

式中 n ——齿轮的转速；

z ——啮合齿轮的齿数。

齿轮单、双齿啮合在一个啮合周期内的啮合时间与重合度 ε 有关，其计算公式为：

$$t_{单}=(2-\varepsilon)/nz;\quad t_{双}=(\varepsilon-1)/nz \tag{3-15}$$

(3) 啮合齿轮的时变啮合刚度的求解

由上述相关啮合刚度计算理论，通过 MATLAB 编写程序可得时变啮合刚度曲线，如图 3.3 所示。将具有周期性啮合刚度用 Fourier 级数进行展开，取一阶谐波行星齿轮的时变啮合刚度 $k(t)$ 的表达式为：

$$k(t)=k_{\mathrm{m}}[1+\kappa\sin(\omega_{\mathrm{e}}t+\varphi_i)] \tag{3-16}$$

式中 k_m ——时变啮合刚度均值；

ω_e ——齿轮传动的轮齿啮合频率；

κ ——时变啮合刚度的波动系数；

φ_i ——啮合初相位。

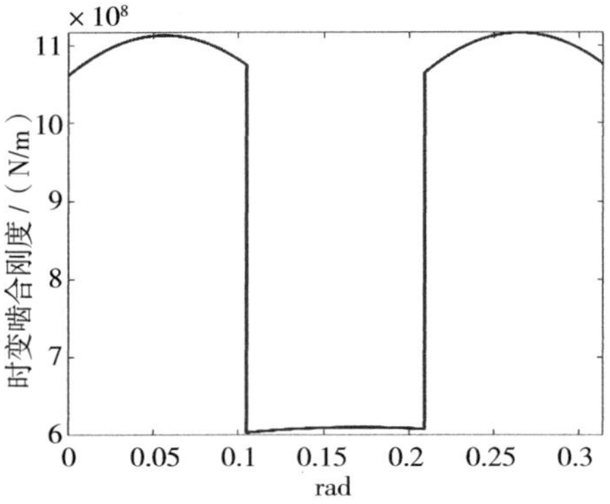

（a）太阳轮-行星齿轮时变啮合刚度

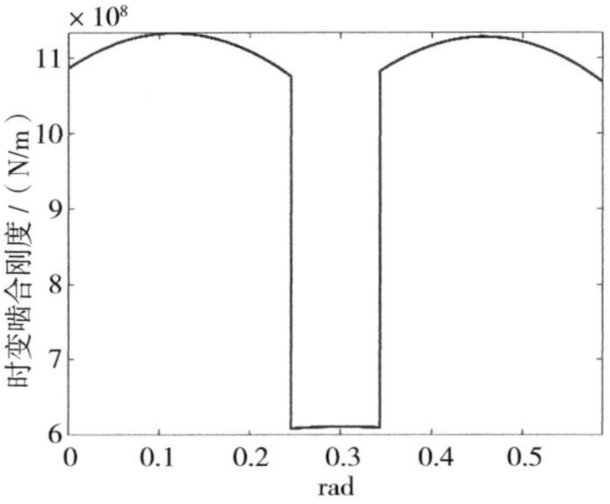

（b）行星轮-内齿圈时变啮合刚度

图 3.3　行星齿轮时变啮合刚度曲线（势能法）

由势能法可得到太阳轮和行星轮之间的平均啮合刚度 $k_{mspn}=9.387\times10^8$ N/m，行星轮和太阳轮之间的平均啮合刚度 $k_{mrpn}=9.461\times10^8$ N/m。

（4）有限元法求解

本书采用 ANSYS APDL 通过参数化建模，对齿轮施加力，得到齿轮的应力和应变，根据公式计算齿轮啮合刚度为：

$$K=\frac{T/(r_b^2B)}{\Delta\theta} \tag{3-17}$$

式中 T ——齿轮的扭矩；

r_b ——基圆半径；

B ——齿宽；

$\Delta\theta$ ——主动齿轮转角。

具体流程如下：

① 根据齿轮的渐开线方程和齿根过渡曲线方程建立单对齿轮啮合的参数化模型，并通过镜像命令进行建立 3 个齿轮。

② 根据表 3.1 的齿轮参数定义齿轮的材料以及单元类型。

③ 将齿轮划分为多个规则形状，然后采用 LESIZE 命令划分为网格质量较好的六面体网格，对啮合的齿轮副进行较细的网格划分，如图 3.4 所示。

④ 给定齿间摩擦系数，建立接触面。

⑤ 给齿轮施加载荷并设置边界条件，采用非线性求解器求解齿轮的啮合刚度，齿轮的应变如图 3.5 所示，在菜单 Parameters 中选择 Scalar Parameters，便可提取当前相位下的啮合刚度。

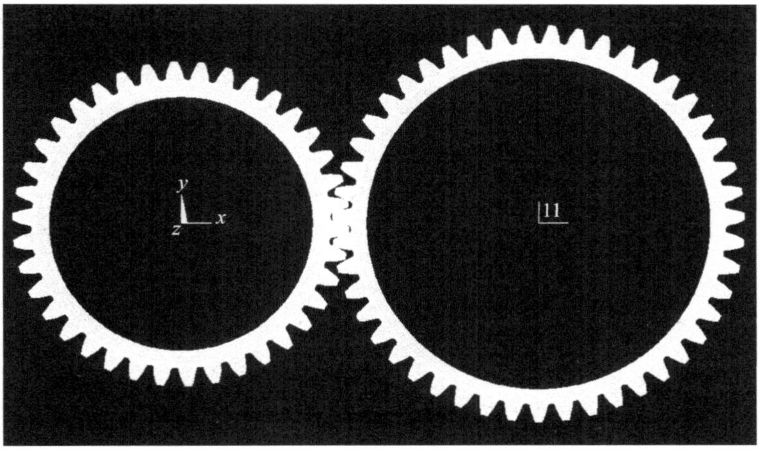

图 3.4　齿轮有限元网格划分示意图

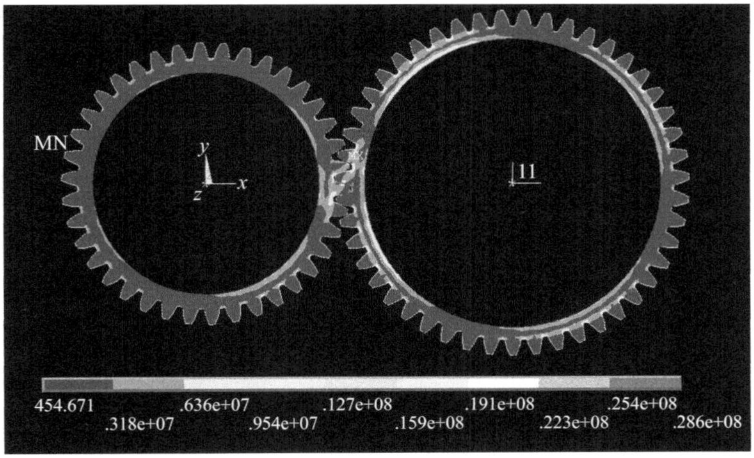

图 3.5　齿轮啮合时的应变

⑥ 通过改变齿轮副的啮合相位，求解各个相位下的啮合刚度，求解结果通过 MATLAB 进行编程拟合，最终得到齿轮的时变啮合刚度。

表 3.2 和表 3.3 分别为行星齿轮与太阳轮之间不同啮合相位下的齿轮啮合刚度和行星轮与齿圈之间不同啮合相位下的齿轮啮合刚度，通过 MATLAB 拟合出来的结果如图 3.6 所示，对比图 3.3 势能法求解的时变啮合刚度可知，两种求解方法的数量级相同，验证了势能法求解结果的准确性，因此本书选择势能法求解齿轮时变啮合刚度的结果，为下一章的动力学分析奠定基础。

表 3.2　太阳轮与行星轮之间不同啮合相位下的啮合刚度

啮合区间	啮合相位/rad	啮合刚度/($\times 10^9$ N/m)
双齿啮合区域	0	1.056 0
	0.034 9	1.079 1
	0.087 3	1.124 5
	0.104 7	1.136 7
单齿啮合区域	0.105 0	0.568 4
	0.157 1	0.560 5
	0.174 5	0.556 0
	0.209 4	0.555 8
双齿啮合区域	0.210 0	1.110 7
	0.244 3	1.125 1
	0.296 7	1.141 6
	0.314 2	1.134 5

表 3.3　行星轮与内齿圈之间不同啮合相位下的啮合刚度

啮合区间	啮合相位/rad	啮合刚度/($\times 10^9$ N/m)
双齿啮合区域	0	1.122 6
	0.098 0	1.114 4
	0.196 1	1.118 2
	0.245 1	1.090 4
单齿啮合区域	0.245 0	0.545 6
	0.294 1	0.573 5
	0.319 6	0.576 0
	0.343 1	0.555 8

表3.3(续)

啮合区间	啮合相位/rad	啮合刚度/($\times 10^9$ N/m)
双齿啮合区域	0.344 1	1.095 7
	0.441 2	1.099 3
	0.539 2	1.123 4
	0.588 2	1.071 6

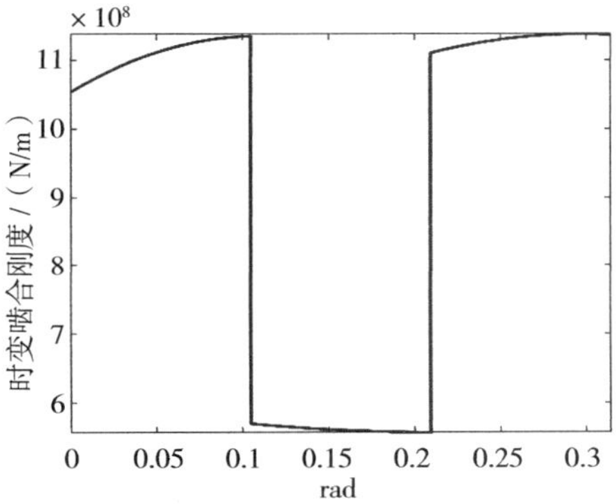

(a) 太阳轮-行星齿轮时变啮合刚度

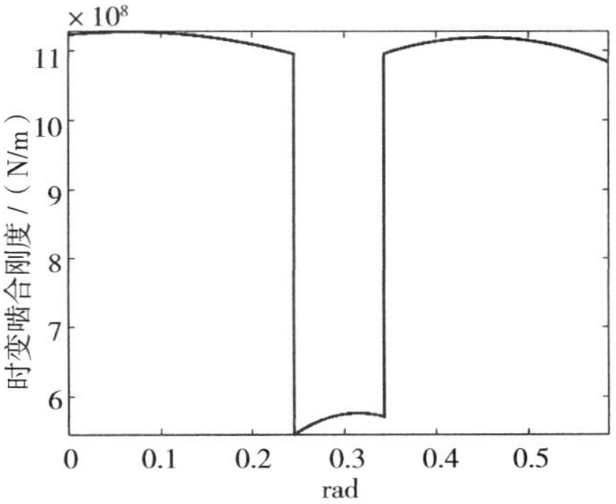

(b) 行星轮-内齿圈时变啮合刚度

图3.6　行星齿轮时变啮合刚度曲线(有限元法)

3.2.2　齿侧间隙

为确保齿轮副在啮合传动时获得良好的润滑效果,并避免摩擦膨胀引起齿轮卡住现象,齿轮副在安装时会设置一定的间隙,也就是齿侧间隙。热条件会影响齿轮的变形和啮合性能,从而影响行星齿轮的运动特性,因此有必要将温度因素考虑在内。

在齿轮箱内,散热非常困难,可以认为齿轮与润滑油具有相同的温度且均匀分布,而齿轮轮盘的温度场为不均匀分布,无内部热源。当齿轮在热平衡状态下温度分布均匀时,可将齿轮视为分布在圆盘外圆柱面上的热源,由温度场的分布可以计算出齿轮的膨胀量。假设轮盘温度分布均匀,热膨胀后的热基圆半径 r_{bj} 和热齿顶圆半径 r_{aj} 可表示为:

$$r'_{bj}=r_{bj}+u_{bj} \tag{3-18}$$

$$r'_{aj}=r_{aj}+u_{bj}+(r_{aj}-r_{bj})\Delta T\lambda \tag{3-19}$$

式中　ΔT——齿轮温升；

γ——线性膨胀系数；

u_{bj}——半径 r 处的径向膨胀值。

当 $r=r_b$ 时，齿轮在稳定工作状态下的热膨胀值可表示为：

$$u_{bj}=\gamma r_{bj}T_{0j}+\frac{(1+\nu)\gamma}{(1-\nu)}\cdot\frac{r_{bj}[r_{bj}^2(1-2\nu)-r_{0j}^2]}{(r_{bj}^2-r_{0j}^2)}(T_{bj}-T_{0j}) \quad (3-20)$$

式中　T_{0j}——稳定工作状态下内半径处的温度；

ν——泊松比；

T_{bj}——齿轮基圆处的温度；

r_0——内半径。

热效应对齿轮的运动特性有着显著影响，且随着温度的升高，齿侧间隙会随之变小，考虑热效应半尺侧间隙可表示为[92]：

$$b_i=b_{i0}-\Delta b_i/2 \quad (3-21)$$

$$\Delta b=\Delta T\gamma(1+\Delta T\gamma)m[\pi-(\mathrm{inv}\alpha'_i-\mathrm{inv}\alpha_i)(z_p+z_g)]+[m\Delta T\gamma(z_p+z_g)\sin\alpha_i]/2 \quad (3-22)$$

式中　b_{i0}——固定齿隙的一半；

m——齿轮模数；

α_i——压力角；

α'_i——热变形后的压力角；

z_p——主动齿轮的齿数；

z_g——从动齿轮的齿数。

无论箱体和支承轴的变形如何，啮合齿轮副之间的中心距离保持不变。但由于基圆半径的热膨胀，使节距圆的实际压力角 α' 发生了变化，可表示为：

$$\alpha'=\arccos[r'_{bp}+r'_{bg}/r_{bp}+r_{bg}\cos(\alpha)] \quad (3-23)$$

式中　r'_{bq}——热变形后的基圆半径。

齿侧间隙的存在导致齿轮啮合时频繁发生接触与分离，对传动系统的稳定性产生了明显的影响。在动力学中，常采用分段函数的方式描述齿侧间隙的特征：

$$f(X_i,b_i)=\begin{cases}X_i-b_i & X_i>b_i\\0 & |X_i|\leqslant b_i\\X_i+b_i & X_i<-b_i\end{cases} \quad (3-24)$$

式中　X_i——相对位移；

b_i ——半齿侧间隙。

齿轮副啮合的非线性间隙函数如图 3.7 所示。

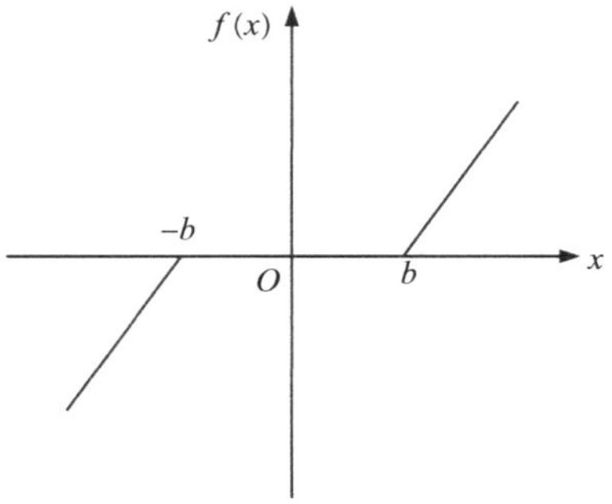

图 3.7 齿侧间隙非线性函数

3.2.3 综合传递误差

在齿轮传动系统中，因加工、安装误差、弹性变形及轴线失调等因素，使得齿轮齿廓实际位置偏离理论位置，干扰了渐开线齿轮的正常啮合模式。瞬时传动比的波动引发齿间碰撞与冲击，进一步破坏了齿轮系统的平衡。因此，在进行齿轮传动系统的动力学分析时，必须全面考虑传动误差，不能忽视其影响。

与时变啮合刚度类似，齿轮实际啮合时的啮合误差也往往具有时变特性，是属于位移激励，可以写成 Fourier 级数[46]：

$$e_i(t) = E_i \sin(\omega_e t + \phi_i) \tag{3-25}$$

式中 E_i ——误差幅值；

ω_e ——啮合频率；

ϕ_i ——相位差。

3.2.4 齿面摩擦

齿轮副在传动啮合期间，齿面之间会产生摩擦力，其大小随啮合点位置的变动而改变，表现为一种时变特性，在摩擦力作用下的力臂亦呈现出时变特性。图 3.8 展示了齿轮副的外啮合过程。其中线段 N_1N_2 代表理论啮合线长度，B_1B_2 表示实际啮合线长度，点 P 表示分度圆上的理论啮合点。随着齿轮副的转动，轮齿的啮合点随时间发生动态变化，并沿啮合线方向移动。当实际啮合点到达理论点 P 时，由于齿轮齿廓的曲率变化和轮齿旋转的共同作用导致相对滑动方向由正变负，进而导致摩擦力方向反转。此外，在齿轮副周期性啮合的过程中，摩擦力及其力臂会随啮合频率的周期性变化而变化。

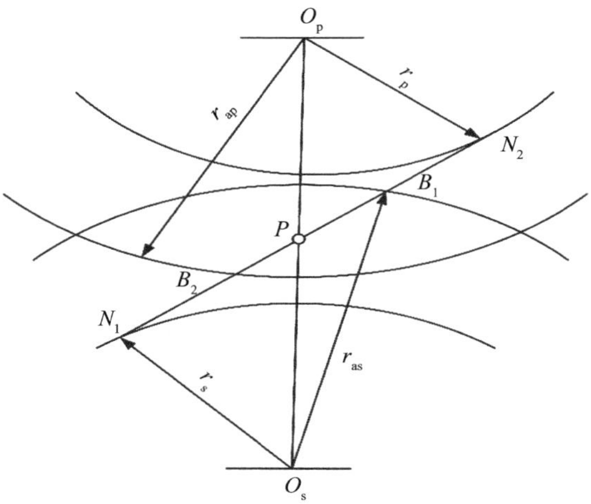

图 3.8　外啮合齿轮副原理图

在图 3.8 中，分别用 r_{bs} 和 r_{bp} 表示太阳轮与行星轮各自的基圆半径，而 r_{as} 和 r_{ap} 则代表各自齿顶圆的半径。考虑到齿轮接触期间不考虑啮入与啮出时的形变影响，太阳轮与行星轮之间的齿面摩擦力臂被描述为一个随时间以周期性规律变化的函数。根据文献[93]，摩擦力臂的具体表达形式如下：

$$\begin{cases} L_{sp}(t)=\sqrt{r_{as}^2-r_{bs}^2}-\varepsilon_{sp}S_{pb}+\omega_s r_{bs}t \\ L_{ps}(t)=\sqrt{r_{ap}^2-r_{bp}^2}-\varepsilon_{sp}S_{pb}+\omega_s r_{bs}t \end{cases} \tag{3-26}$$

式中　$L_{sp}(t)$—— 外啮合副啮合点相对太阳轮一侧的摩擦力臂；

$L_{ps}(t)$—— 该啮合点相对于行星轮一侧的摩擦力臂；

ε_{sp}—— 重合度；

S_{pb}—— 基圆节距；

ω_s—— 太阳轮的转速。

内齿圈和行星轮之间内啮合副的摩擦力臂表示为：

$$\begin{cases} L_{pr}(t)=\sqrt{r_{ap}^2-r_{bp}^2}-\varepsilon_{rp}S_{pb}+\omega_p r_{bp}t \\ L_{rp}(t)=\sqrt{r_{ar}^2-r_{br}^2}-\varepsilon_{rp}S_{pb}+\omega_p r_{bp}t \end{cases} \tag{3-27}$$

式中　$L_{rp}(t)$—— 内啮合副在啮合点相对于齿圈的摩擦力臂；

$L_{pr}(t)$—— 该啮合点相对于行星轮的摩擦力臂；

ε_{rp}—— 内啮合副的齿轮重合度系数；

r_{ar}—— 齿圈齿根圆半径；

r_{br}—— 齿圈基圆半径。

齿面摩擦力 f 可表示为：

$$\begin{cases} f = \lambda\mu F \\ F = k(t)f(x) + cf(x) \end{cases} \tag{3-28}$$

式中　μ—— 摩擦系数；

F—— 动态啮合力；

c—— 啮合阻尼；

λ—— 判别摩擦力的方向的函数。

啮合阻尼和摩擦方向系数的公式如下：

$$c_i = 2\xi_i\sqrt{k_{msp}/(1/M_p + 1/M_g)} \tag{3-29}$$

$$\lambda = \text{sign}(\lambda_x) = \begin{cases} 1 & \lambda_x > 0 \\ 0 & \lambda_x = 0 \\ -1 & \lambda_x < 0 \end{cases} \tag{3-30}$$

$$\lambda_x = L_p - R_{bp}\tan\alpha'$$

式中　ξ_i—— 阻尼系数；

M—— 等效质量；

ξ_i—— 阻尼系数，$\xi_i = 0.03 \sim 0.17$；

L_p—— 主动齿轮 p 的力臂；

R_{bp}—— 主动齿轮 p 的基圆半径。

3.3　行星齿轮系统动力学建模

3.3.1　动力学模型的基本假设

采用集中质量法建立行星齿轮动力学模型，为合理简化模型有如下假设：

① 视齿轮及其连接轴等组成部件为刚体且具有相同的物理属性，齿轮的质量分布均匀不存在偏心。

② 仅考虑内、外啮合副的滑动摩擦力，且作用在啮合副接触面。

③ 制造误差和安装误差用综合传递误差来描述，传动过程中啮合线始终作用于啮合平面内，齿轮副的啮合简化为由弹簧和阻尼器连接。

④ 不考虑轴承间隙和润滑油膜等非线性因素。

⑤ 认为各构件只存在扭转的自由度，不考虑横向振动位移。

3.3.2 行星齿轮动力学微分方程

图 3.9 为行星齿轮集中质量模型，行星传动系统的组成包括一个太阳轮 s、内齿圈 r、行星架 c 和 n 个行星轮 pn（$n=1,2,3,\cdots,N$）。令 $i=$ sp$n$、rp$n$，sp$n$ 和 rp$n$ 分别表示太阳轮和行星轮、齿圈和行星轮之间的相互关系，θ_{s}、$\theta_{\mathrm{p}n}$、θ_{r}、θ_{c} 分别为相应部件的扭转位移。行星齿轮传动系统是以太阳轮为输入、行星架为输出且齿圈固定，考虑齿侧间隙、啮合阻尼、时变啮合刚度、温度、齿间摩擦、综合传递误差等多种影响因素的基础上，构建了该系统的纯扭转动力学方程：

$$\begin{cases} I_{\mathrm{s}}\ddot{\theta}_{\mathrm{s}}+\sum\limits_{n=1}^{N}F_{\mathrm{sp}n}r_{\mathrm{bs}}-\sum\limits_{n=1}^{N}f_{\mathrm{sp}n}L_{\mathrm{sp}}=T_{\mathrm{in}} \\ I_{\mathrm{p}n}\ddot{\theta}_{\mathrm{p}n}+F_{\mathrm{sp}n}r_{\mathrm{bp}n}-f_{\mathrm{sp}n}L_{\mathrm{sp}n}-F_{\mathrm{rp}n}r_{\mathrm{bp}n}+f_{\mathrm{rp}n}L_{\mathrm{p}n\mathrm{r}}=0 \\ I_{\mathrm{r}}\ddot{\theta}_{\mathrm{r}}+\sum\limits_{n=1}^{N}F_{\mathrm{rp}n}r_{\mathrm{br}}-\sum\limits_{n=1}^{N}f_{\mathrm{rp}n}L_{\mathrm{rp}n}=0 \\ \left(I_{\mathrm{c}}+\sum\limits_{n=1}^{N}m_{\mathrm{p}n}r_{\mathrm{c}}^{2}\right)\ddot{\theta}_{\mathrm{c}}-\sum\limits_{n=1}^{N}(F_{\mathrm{sp}n}\cos\alpha'_{\mathrm{sp}n})r_{\mathrm{c}}- \\ \sum\limits_{n=1}^{N}(F_{\mathrm{rp}n}\cos\alpha'_{\mathrm{rp}n})r_{\mathrm{c}}=-T_{\mathrm{out}} \end{cases} \tag{3-31}$$

式中 T_{in}—— 输入扭矩；

T_{out}—— 输出扭矩；

F_i—— 行星轮与太阳轮、齿圈的动态啮合力，$F_i=k_i(t)f(x_i,b_i)+c_if(\dot{x}_i,b_i)$；

I_{s}、$I_{\mathrm{p}n}$、I_{c}、I_{r}—— 太阳轮、行星轮、行星架、齿圈的转动惯量；

r_{bs}、$r_{\mathrm{bp}n}$、r_{br}—— 太阳轮、行星轮和齿圈的基圆半径；

r_{c}—— 行星架的半径；

α'_i—— 热变形后的压力角；

f_i—— 摩擦力；

L_i—— 摩擦力的力臂。

为消除刚体位移并简化系统方程，实现降维，引入了表示齿轮副间相

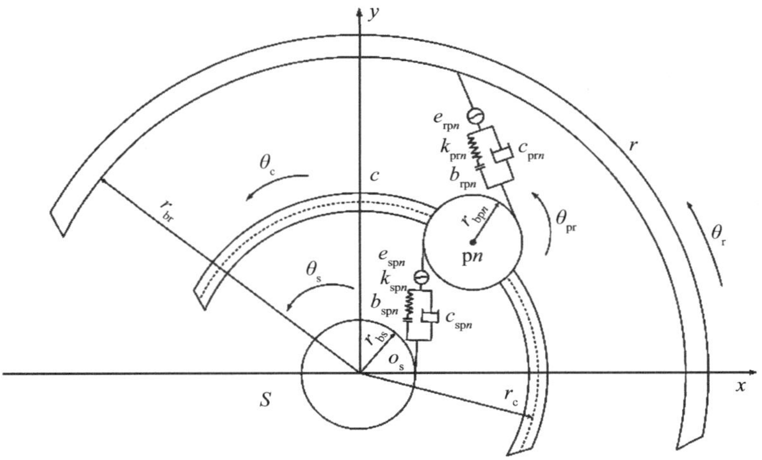

图 3.9　行星齿轮集中质量模型

对坐标：

$$\begin{cases} X_{spn} = r_{bs}\theta_s + r_{bpn}\theta_{pn} - r_c\theta_c\cos\alpha'_{spn} + e_{spn}(t) \\ X_{rpn} = r_{br}\theta_r - r_c\theta_c\cos\alpha'_{rpn} - r_{bpn}\theta_{pn} + e_{rpn}(t) \end{cases} \tag{3-32}$$

式中　X_{spn}、X_{rpn}——第 n 路太阳轮和行星轮以及行星轮和内齿圈在啮合线上的相对位移，也即动态传递误差。

将式(3－31)代入(3－30)中，式(3－32)则可写成：

$$\begin{cases} X_{spn} + \left[\dfrac{1}{M_s} - \dfrac{\mu_{sp}\lambda_{sp}L_{sp}}{M_s r_s} + \dfrac{\cos^2(\alpha'_{spn})}{M_c}\right]\sum\limits_{n=1}^{N} k_{spn} f(X_{spn}) + \left[\dfrac{1}{M_s} - \dfrac{\mu_{sp}\lambda_{sp}L_{sp}}{M_s r_s} + \dfrac{\cos^2(\alpha'_{spn})}{M_c}\right]\times \\ \sum\limits_{n=1}^{N} c_{spn}\dot{X}_{spn} + \dfrac{\cos(\alpha'_{spn})\cos(\alpha'_{rpn})}{M_c}\sum\limits_{n=1}^{N} k_{rpn} f(X_{rpn}) + \dfrac{\cos(\alpha'_{spn})\cos(\alpha'_{rpn})}{M_c}\sum\limits_{n=1}^{N} c_{rpn}\dot{X}_{rpn} + \\ k_{spn} f(X_{spn})\left(\dfrac{1}{M_p} - \dfrac{\mu_{sp}\lambda_{sp}L_{ps}}{M_p r_p}\right) + \left(\dfrac{1}{M_p} - \dfrac{\mu_{sp}\lambda_{sp}L_{ps}}{M_p r_p}\right) c_{spn}\dot{X}_{spn} + \left(\dfrac{\mu_{rp}\lambda_{rp}L_{pr}}{M_p r_p} - \dfrac{1}{M_p}\right)\times \\ k_{rpn} f(X_{rpn}) + \left(\dfrac{\mu_{rn}\lambda_{rp}L_{pr}}{M_p r_p \omega_n} - \dfrac{1}{M_p\omega_n}\right) c_{rpn}\dot{X}_{rpn} = \dfrac{T_{in}}{M_s r_{bs}} + \dfrac{T_{out}\cos(\alpha'_{sp})}{M_c r_{bc}} + \ddot{e}_{spn}(t) \\ X_{rpn} + \left[\dfrac{1}{M_r} - \dfrac{\mu_{rp}\lambda_{rp}L_{rp}}{M_r r_r} + \dfrac{\cos^2(\alpha'_{rpn})}{M_c}\right]\sum\limits_{n=1}^{N} k_{rpn} f(X_{rpn}) + \left[\dfrac{1}{M_r} - \dfrac{\mu_{rp}\lambda_{rp}L_{rp}}{M_r r_r} + \dfrac{\cos^2(\alpha'_{rpn})}{M_c}\right]\times \\ \sum\limits_{n=1}^{N} c_{rpn}\dot{X}_{rpn} + \dfrac{\cos(\alpha'_{spn})\cos(\alpha'_{rpn})}{M_c}\sum\limits_{n=1}^{N} X_{spn} f(X_{spn}) + \dfrac{\cos(\alpha'_{spn})\cos(\alpha'_{rpn})}{M_c}\sum\limits_{n=1}^{N} c_{spn}\dot{X}_{spn} + \\ k_{spn} f(X_{spn})\left(\dfrac{\mu_{sp}\lambda_{sp}L_{ps}}{M_p r_p} - \dfrac{1}{M_p}\right) + \left(\dfrac{\mu_{sp}\lambda_{sp}L_{ps}}{M_p r_p} - \dfrac{1}{M_p}\right) c_{spn}\dot{X}_{spn} + \left(\dfrac{1}{M_p} - \dfrac{\mu_{rp}\lambda_{rp}L_{pr}}{M_p r_p}\right)\times \\ k_{rpn} f(X_{rpn}) + \left(\dfrac{1}{M_p} - \dfrac{\mu_{rp}\lambda_{rp}L_{pr}}{M_p r_p}\right) c_{rpn}\dot{X}_{rpn} = \dfrac{T_{out}\cos(\alpha'_{rpn})}{M_c r_{bc}} + \ddot{e}_{rpn}(t) \end{cases}$$

(3－33)

3.3.3 振动方程无量纲化

由于行星齿轮系统内部激励因素与系统振动位移存在显著的量级差异，不仅给计算分析带来不便，还易引发计算病态及效率低下问题。因此，有必要对系统动力学微分方程进行无量纲化处理。

引入无量纲时间变量 τ 和位移标尺 b_c 对动力学模型无量纲化，$\tau=\omega_n t$，$\omega_n=\sqrt{K_{m,sp}(1/M_s+1/M_p)}$，无量纲激励频率 $\Omega=\omega_e/\omega_n$，$\bar{b}_i=b_i/b_c$，$\bar{X}_i=X_i/b_c$，$\dot{\bar{X}}_i=X_i/b_c\omega_n$，$\ddot{\bar{X}}_i=X_i/b_c\omega_n^2$。无量纲综合传递误差可表示为：

$$\bar{e}_i(t)=E_i\sin(\Omega\tau+\phi_i)/b_c \tag{3-34}$$

无量纲齿侧间隙可表示为：

$$f(\bar{X}_i,\bar{b}_i)=\begin{cases}\bar{X}_i-\bar{b}_i & \bar{X}_i>\bar{b}_i\\ 0 & |\bar{X}_i|\leqslant\bar{b}_i\\ \bar{X}_i+\bar{b}_i & \bar{X}_i<-\bar{b}_i\end{cases} \tag{3-35}$$

通过上述变换可得量纲化动力学方程式为：

$$\begin{cases}
\ddot{\bar{X}}_{spn}+\left[\dfrac{1}{M_s\omega_n^2}-\dfrac{\mu_{sp}\lambda_{sp}L_{sp}}{M_s r_s\omega_n^2}+\dfrac{\cos^2(\alpha'_{spn})}{M_c\omega_n^2}\right]\sum\limits_{n=1}^{N}\bar{k}_{spn}f(\bar{X}_{spn})+\left[\dfrac{1}{M_s\omega_n}-\dfrac{\mu_{sp}\lambda_{sp}L_{sp}}{M_s r_s\omega_n}+\dfrac{\cos^2(\alpha'_{spn})}{M_c\omega_n}\right]\times\\
\sum\limits_{n=1}^{N}c_{spn}\dot{\bar{X}}_{spn}+\dfrac{\cos(\alpha'_{spn})\cos(\alpha'_{rpn})}{M_c\omega_n^2}\sum\limits_{n=1}^{N}\bar{k}_{rpn}f(\dot{\bar{X}}_{rpn})+\dfrac{\cos(\alpha'_{spn})\cos(\alpha'_{rpn})}{M_c\omega_n}\sum\limits_{n=1}^{N}c_{rpn}\dot{\bar{X}}_{rpn}+\\
k_{spn}f(\bar{X}_{spn})\left(\dfrac{1}{M_p\omega_n^2}-\dfrac{\mu_{sp}\lambda_{sp}L_{ps}}{M_p r_p\omega_n^2}\right)+\left(\dfrac{1}{M_p\omega_n}-\dfrac{\mu_{sp}\lambda_{sp}L_{ps}}{M_p r_p\omega_n}\right)c_{spn}\dot{\bar{X}}_{spn}+\left(\dfrac{\mu_{rp}\lambda_{rp}L_{pr}}{M_p r_p\omega_n^2}-\dfrac{1}{M_p\omega_n^2}\right)\times\\
k_{rpn}f(\bar{X}_{rpn})+\left(\dfrac{\mu_{rn}\lambda_{rp}L_{pr}}{M_p r_p\omega_n}-\dfrac{1}{M_p\omega_n}\right)c_{rpn}\dot{\bar{X}}_{rpn}=\dfrac{T_{in}}{M_s r_{bs}\omega_n^2 b_c}+\dfrac{T_{out}\cos(\alpha'_{spn})}{M_c r_{bc}\omega_n^2 b_c}+\ddot{\bar{e}}_{spn}(t)\\
\ddot{\bar{X}}_{rpn}+\left[\dfrac{1}{M_r\omega_n^2}-\dfrac{\mu_{rp}\lambda_{rp}L_{rp}}{M_r r_r\omega_n^2}+\dfrac{\cos^2(\alpha'_{rpn})}{M_c\omega_n^2}\right]\sum\limits_{n=1}^{N}\bar{k}_{rpn}f(\bar{X}_{rpn})+\left[\dfrac{1}{M_r\omega_n}-\dfrac{\mu_{rp}\lambda_{rp}L_{rp}}{M_r r_r}+\dfrac{\cos^2(\alpha'_{rpn})}{M_c\omega_n}\right]\times\\
\sum\limits_{n=1}^{N}c_{rpn}\dot{\bar{X}}_{rpn}+\dfrac{\cos(\alpha'_{spn})\cos(\alpha'_{rpn})}{M_c\omega_n^2}\sum\limits_{i=1}^{N}\bar{X}_{spn}f(\bar{X}_{spn})+\dfrac{\cos(\alpha'_{spn})\cos(\alpha'_{rpn})}{M_c\omega_n}\sum\limits_{n=1}^{N}c_{spn}\dot{\bar{X}}_{spn}+\\
\bar{k}_{spn}f(\bar{X}_{spn})\left(\dfrac{\mu_{sp}\lambda_{sp}L_{ps}}{M_p r_p\omega_n^2}-\dfrac{1}{M_p\omega_n^2}\right)+\left(\dfrac{\mu_{sp}\lambda_{sp}L_{ps}}{M_p r_p\omega_n}-\dfrac{1}{M_p\omega_n}\right)c_{spn}\dot{\bar{X}}_{spn}+\left(\dfrac{1}{M_p\omega_n^2}-\dfrac{\mu_{rp}\lambda_{rp}L_{pr}}{M_p r_p\omega_n^2}\right)\times\\
\bar{k}_{rpn}f(\bar{X}_{rpn})+\left(\dfrac{1}{M_p\omega_n}-\dfrac{\mu_{rp}\lambda_{rp}L_{pr}}{M_p r_p\omega_n}\right)c_{rpn}\dot{\bar{X}}_{rpn}=\dfrac{T_{out}\cos(\alpha'_{rpn})}{M_c r_{bc}\omega_n^2 b_c}+\ddot{\bar{e}}_{rpn}(t)
\end{cases}$$

3.3.4 系统的动态响应分析

本书以直升飞机编队飞行时的工况进行研究，此工况下的转速为

4 800 r/min，总功率为 301.570 7 kW，动力传输路径为太阳轮输入行星架输出，太阳轮的输入扭矩 T_{in} 为 600 N·m，传动比为 4.473 7。此时的激励频率 Ω 可根据太阳轮的转速、齿数以及固有频率求得：

$$\Omega = \frac{\omega_e}{\omega_n} = \frac{2\pi n_s z_s}{60\omega_n} = 0.648\ 6 \tag{3-36}$$

行星齿轮的基本参数由表 3.1 给出，其他参数如下：齿侧间隙 $b_{spn} = 4.6\ \mu m$，$b_{rpn} = 5.7\ \mu m$；阻尼系数 $\xi = \xi_{spn} = \xi_{rpn} = 0.095$；刚度波动系数 $\kappa = \kappa_{spn} = \kappa_{rpn} = 0.25$；综合传动误差幅值 $E = E_{spn} = E_{rpn} = 3\ \mu m$；摩擦系数 $\mu = \mu_{spn} = \mu_{rpn} = 0$；工作时的温度 $\Delta T = 40$ ℃。通过求解行星齿轮系统动力学方程，得到该系统稳态响应的时间历程曲线、频谱图、相图和 Poincaré 截面图，如图 3.10 和图 3.11 所示。

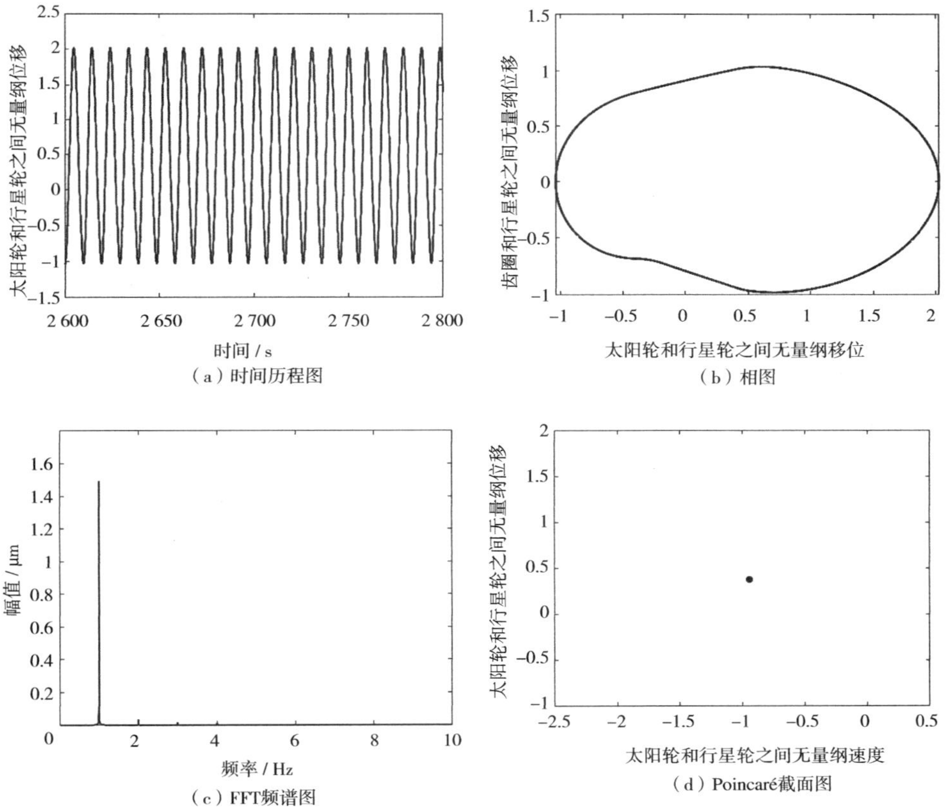

(a) 时间历程图　(b) 相图　(c) FFT频谱图　(d) Poincaré截面图

图 3.10　太阳轮与行星轮之间的振动响应

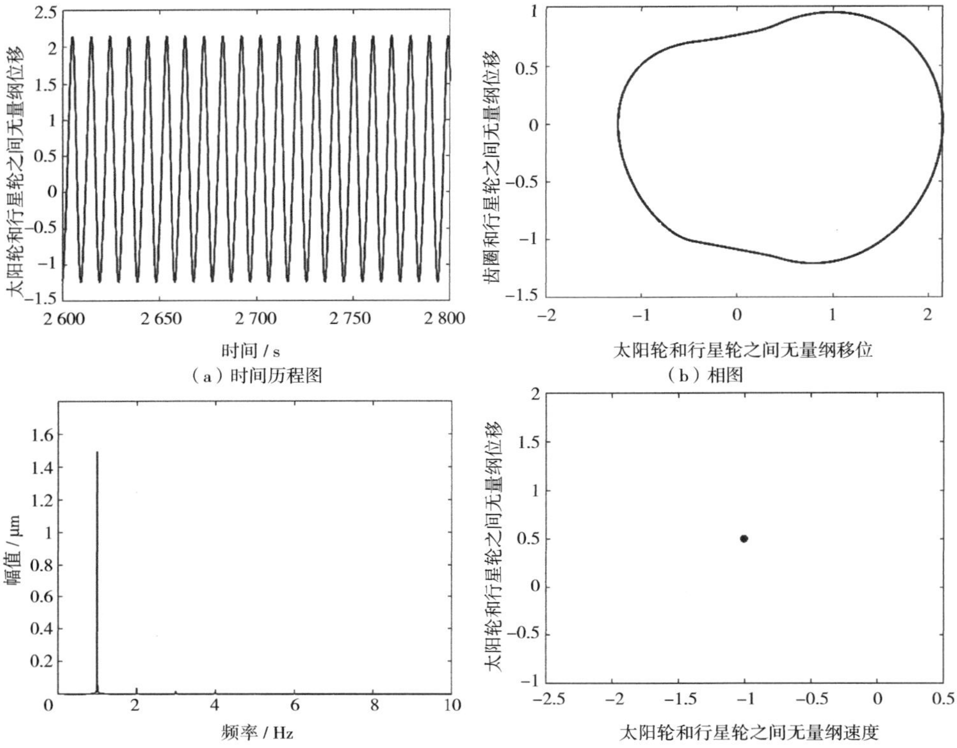

(a) 时间历程图　(b) 相图

(c) FFT频谱图　(d) Poincaré截面图

图 3.11　太阳轮与行星轮之间的振动响应

对于非线性振动系统运动状态的判断，我们可以从时间历程曲线的起伏规律初步判断此时系统运动状态，有些运动状态不能直接从时间历程曲线得到，例如拟周期运动，需要配合相图、Poincaré 截面图和 FFT 频谱图等方法来判断系统的响应类型。从系统的周期性来看，非线性系统的动态响应可以分为混沌运动和周期运动。混沌运动是一种无规则的运动状态，它在时间历程图上的表现为无规律的振动曲线；在相平面上表现为相轨迹为不封闭曲线；Poincaré 映射图表现为分布在一定空间内不可数的点集；FFT 频谱图则表现为具有一定的连续性离散线谱。周期运动在时间历程图上表现为有规则的振动曲线；在相平面图上的相轨迹为封闭的曲线；在 Poincaré 映射图上，单周期运动表现为只有一个点，倍周期运动表现为多个孤立点；FFT 频谱图表现为独立的离散谱，每条谱线的高度表示对应频率的振动幅值。在图 3.10 和图 3.11 中，时间历程曲线均表现为周期性振动曲线；相平面为一条封闭的曲线；FFT 频谱图表现为一条独立的离散谱，每条谱线的高度表示对应频率的振动幅值；Poincaré 截面图为孤立的点；从上述分析可知，不管是太阳轮和行星轮还是行星轮和齿圈，此时系统都处于单周期运动状态。

3.4　行星齿轮系统振动响应分析方法

系统的动态响应通常包括周期性、次谐周期性、拟周期性及混沌态等多种形态，单一的评判标准往往难以准确界定这些响应类别。因此，需采用多元化手段对系统响应类型进行鉴别。这些方法包括时间历程图、频谱图、相平面图、Poincaré 截面图、最大 Lyapunov 指数图（LLE）以及分岔图等，表 3.4 为上述分析方法的识别特征。

表 3.4　非线性动力学分析方法的识别特征

分析方法	单周期运动	倍周期运动	拟周期运动	混沌运动
时间历程图	周期性的曲线	倍周期性曲线	类周期性曲线	无规则振动曲线
相图	一条封闭的曲线	一条封闭曲线	一定宽度的曲线带	不重复而充满相空间的一部分
Poincaré 截面图	一个孤立点	有限点	稠密分布在一条由点构成的闭合曲线	密集且离散的点
频谱图	离散谱	离散谱	离散谱	连续谱
分岔图	一条与参数变化相关曲线	多条与参数变化相关曲线	一个参数对应出现多个点	一个参数对应出现很多点
LLE	＜零	≤零	＜零	＞零

3.4.1　局部分析方法

（1）时间历程图和相图

对于多自由度系统来说，把它的位移定义为 q_i，速度定义为 $\dot{q}_i(i=1,2,\cdots,n)$，那么方程通常可以表示为：

$$\ddot{q}_i(t)=f_i(q_1,q_2,\cdots,q_n;\ \dot{q}_1,\dot{q}_2,\cdots,\dot{q}_n;\ t)\quad i=1,2,\cdots,n \tag{3-37}$$

式中　$\ddot{q}_i$—— 第 i 位移的加速度；

f_i—— 第 i 位移上的力。

状态向量是指一个包含系统位移 q_i 与速度 $\dot{q}_i$ 信息的数学矢量，其中各个元素被称为状态变量。此向量在状态空间中的运动轨迹被定义为相轨迹，而所有可能的相轨迹终点共同构成了系统的相图。通过对系统状态方程进行求解，并依据时间变量绘制出状态向量随时间演变的轨迹，便可得到反映系统动态行为的时间历程图。

（2）Poincaré 截面法

设 $\sum \subseteq R^n$ 属于某 $(n-1)$ 维超曲面，若对于任一个 $\boldsymbol{x} \in \sum$，$\sum$ 面法向矢量 $\boldsymbol{n}(\boldsymbol{x})$ 与向量场 $\boldsymbol{f}(\boldsymbol{x},t)$ 不垂直，即有：

$$\boldsymbol{n}^{\mathrm{T}}(\boldsymbol{x}) \cdot \boldsymbol{f}(\boldsymbol{x},t) \neq 0 \tag{3-38}$$

则认为 $\sum$ 是向量场 $\boldsymbol{f}(\boldsymbol{x},t)$ 对应的 Poincaré 截面。

一般取外部激励的周期为 Poincaré 截面：

$$\sum = \{(\boldsymbol{x},t) \mid \mathrm{mod}(t, 2\pi/\omega_e) = 0\} \tag{3-39}$$

式中　$\boldsymbol{x}$——状态向量；

　　mod——取余。

定期捕捉状态向量的值，并留意这些状态向量轨迹与所选 Poincaré 截面的交会情况。将这些交会点在相平面上进行投影，由此构建出系统的 Poincaré 截面图。

（3）傅里叶频谱分析法

通过解析系统时间历程并对其进行傅里叶变换，生成频谱图以观测其功率谱分布，有助于判断系统响应是否具有规律性。对于周期运动，功率谱通常表现为离散谱，各频率成分间可能存在整数倍关系，谱线高度直观反映了各频率下的振动幅度。对于拟周期运动，尽管其功率谱仍显现出离散特征，但可能存在无法简单整除的频率成分。而对于混沌运动，其功率谱则以连续谱的形式出现。

3.4.2　全局分析方法

（1）分岔图

分岔理论关注的是参数变化如何引发系统动力学解的稳定性及拓扑特性变迁。众多系统内部均包含若干可调控参数，当这些参数连续调整时，系统的整体结构或属性可能出现非连续性的转变，这种现象被称为分岔现象。

设参数系统为：

$$\dot{x}=f(x,u) \tag{3-40}$$

式中　$x\in U\subseteq R^{n}$—— 状态变量；

$u\in Q\subseteq R^{m}$—— 系统参数，当参数 u 被连续改变时，在 $u_0\in Q$ 处系统的特性突变，则称系统在 $u=u_0$ 时出现分岔，称 u_0 为分岔点，所有分岔值的集合便组成了系统在参数空间的分岔集。

分岔图是以系统变量为横坐标和分岔参数为纵坐标，可以直观地反映两者的关系。在分岔图上，若系统呈现周期性运动，通常会出现 m 条清晰的曲线；若系统处于混沌状态，则分岔图上会布满密集的点；而拟周期运动在分岔图上的表现往往不易识别。

(2) 最大 Lyapunov 指数图

本书通过比较经过时间 t 后两轨道间距离的变化，来量化 $d(t)$ 时刻两状态点间的相对距离：

$$d(t)=\|y(t)-x(t)\| \tag{3-40}$$

依次对各时刻 nt 计算轨道偏差 $d_n=d(nt)$，其中 t 是一个很小的时间单元，轨道距离 $d(t)$ 与初始距离 $d(0)$ 在时间 t 的关系为 $d(t)=d(0)e^{\lambda_1 t}$，最大李雅普诺夫指数 λ_1 可通过两边取对数得到：

$$\lambda_1=\lim_{n\to\infty}\frac{1}{n\tau}\ln\left[\frac{\|d_1\|}{\|d_0\|}\frac{\|d_2\|}{\|d_0\|}\frac{\|d_3\|}{\|d_0\|}\cdots\frac{\|d_n\|}{\|d_0\|}\right] \tag{3-41}$$

对上式进行化简取平均后可得到最大李雅普诺夫指数为：

$$\lambda_1=\lim_{n\to\infty}\frac{1}{n\tau}\sum_{i=0}^{n}\ln\left[\frac{\|d_{i1}\|}{\|d_0\|}\right] \tag{3-42}$$

当迭代次数 $n\to\infty$ 时，计算结果将与时间间隔 τ 无关，λ_1 将收敛为一定常数值。

3.5　本章小结

本章介绍了时变啮合刚度、综合传动误差、齿侧间隙、摩擦系数等激励因素，采用势能法和有限元法等仿真方法分别给出了时变啮合刚度，并给出各激励的表达式。在构建行星齿轮动力学模型的过程中，为确保模型构建的便利性，针对动力学模型作出了一系列合理假设，并将齿侧间隙、时变啮合刚度、温度、啮合阻尼、齿间摩擦、综合传递误差等非线性因素考虑在内，采用集中质量模型建立了行星齿轮传动系统的纯扭转动力学方程。引入齿轮副间的相对坐标，消除刚体位移，降低系统方程数目自由度。考虑各参数之间单位的级别相差较大，对振动方程进行无量纲化处理，并给出无量纲化后的动力学方程，分析了当前工况下行星齿轮的动态响应情况。此外，介绍了行星齿轮非线性动力学的全局分析方法和局部分析方法，并根据所建立的动力学方程，采用 MATLAB 编程，变步长 Runge-Kutta 法求解对单一变量进行分析。结论如下：

① 在一定参数组合下，随着激励频率的增加，系统出现丰富的分岔特性。在低频和高频下的振动位移较小，运动平稳，但中等频率下运动特性较为复杂。

② 随着齿轮间隙的增大，系统的运动特性就会随之变得恶劣，产生较大振动和噪声。温度与齿侧间隙之间存在一定的线性关联性，所以温度上升对行星齿轮非线性动力学运动特性的影响，实质上也间接揭示了齿侧间隙减小对系统运动特性所产生的影响。

③ 啮合阻尼系数的增加，可有效抑制系统的混沌运动、提高系统的稳定性，从而降低振动和噪声。较大的载荷也会对混沌运动有所抑制，但振动幅值会随着载荷的增大而有所增加，到达一定值后会略微降低。适当的摩擦系数，可以改善系统的动态啮合力，在一定程度上可以抑制混沌的运动。

④ 综合传递误差的增加，系统经多个途径进入混沌运动，后由混沌运动进入周期运动，但较大的传递误差对于系统的传动是不利的，应注意控制传递误差的大小。

⑤ 随着刚度波动系数的增大，系统由混沌运动向周期运动转变，但动态传递误差的振动幅值变大，会引起较大的振动和噪声。

第4章　行星齿轮系统多刚柔体动力学仿真建模

4.1　引言

大型高端行星系统作为多种重型航空器、风力发电设备传动系统的基础与核心，它的可靠性水平在很大程度上影响着航空器、风力发电设备的经济可承受性与服役安全性。

本章开展大型行星系统多刚柔体动力学仿真建模方法研究。对于行星系统的力学仿真，在一定程度上将太阳齿轮和行星齿轮假设为刚体是合理的，但在大型高端行星系统的装备应用中，由于大型齿圈和行星架的变形非常显著，这种假设可能会引入严重的分析误差。因此，在分析过程中将行星系统中的太阳轮和行星齿轮等外啮合齿轮视为刚性实体，建立了行星架、内齿圈等柔性构件的弹性边界结构有限元模型。同时，以某重型运输直升机主减速器、某型5 MW大型风电增速箱为例，完成了相应的行星机构多刚柔体动力学仿真建模，为行星齿轮传动系统载荷分析提供了更为符合实际的整体耦合模型基础。

4.2　弹性边界柔性结构建模

4.2.1　弹性轴结构

功率输入轴是行星系统中主要的动力传动结构。在应用于大型高端行星系统的装备中时，其会呈现出较大的柔性，从而导致齿轮副在不平衡径向载荷的情况下产生啮合错位。因此，考虑到这种影响，将系统中的输入轴建模为圆柱形Timoshenko梁，如图4.1所示。为了准确地定义轴的结构，将几个 Timoshenko 梁组件组合在一起，使仿真模型能够考虑到行星系统中阶梯轴的复杂几何形状。其中梁单元数（$\boldsymbol{N}_{\text{beam}}$）由轴段数和所关注的力学结果决定。轴端节点通过 6×6 离散刚度单元与地面（$\boldsymbol{K}_{\text{ba}}$、$\boldsymbol{K}_{\text{bg}}$）和齿轮结构（$\boldsymbol{K}_{\text{spl}}$）耦合，这些单元物理上分别象征轴承支撑和花键联轴器。为了获得旋转部件的惯性效应，在远离齿轮的轴端节点上加入集中惯性（$\boldsymbol{M}_{\text{lump}}$）。式（4－1）描述了由 N 个梁构件组成的轴组件的状态空间，其中 $\boldsymbol{\Phi}$ 表示 Timoshenko 梁关于平均位置的振动矢量。

$$\{\boldsymbol{\Phi}_{\text{shaft}}\}=\{\boldsymbol{\Phi}_{\text{g}}\boldsymbol{\Phi}_{1\text{g}}\boldsymbol{\Phi}_{12}\boldsymbol{\Phi}_{23}\cdots\boldsymbol{\Phi}_{(N_{\text{beam}}-1)(N_{\text{beam}})}\boldsymbol{\Phi}_{(N_{\text{beam}})\text{a}}\}^{\text{T}} \tag{4-1}$$

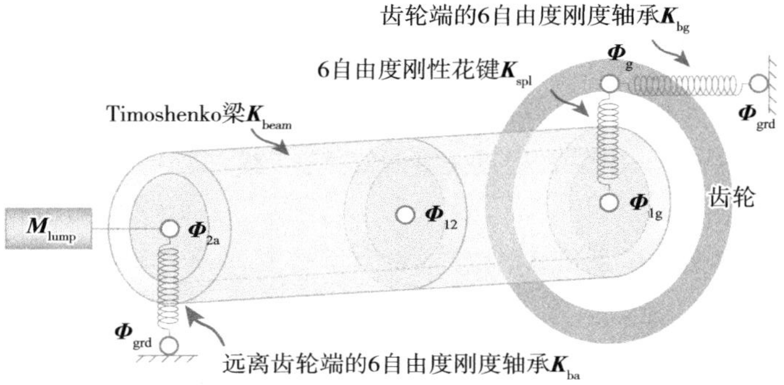

图 4.1　弹性轴模型

柔性轴总体的质量和刚度矩阵可以通过扩展和增加单元个体的质量和刚度矩阵来确定。远离齿轮的轴承（$\boldsymbol{K}_{\text{ba}}$），齿轮位置的花键（$\boldsymbol{K}_{\text{spl}}$）和齿轮位置的轴承（$\boldsymbol{K}_{\text{bg}}$）、集中惯性质量（$\boldsymbol{M}_{\text{shaft}}$）和 Timoshenko 梁（$\boldsymbol{K}_{\text{beam}}$），如式（4－2）所示：

$$\begin{cases}[\boldsymbol{K}_{\text{shaft}}]=[\boldsymbol{K}_{\text{ba}}]_{\text{exp}}+\sum\limits_{l=1}^{\boldsymbol{N}_{\text{beam}}}{}^{l}[\boldsymbol{K}_{\text{beam}}]_{\text{exp}}+[\boldsymbol{K}_{\text{spl}}]_{\text{exp}}+[\boldsymbol{K}_{\text{bg}}]_{\text{exp}}\\[\boldsymbol{M}_{\text{shaft}}]=\sum\limits_{l=1}^{\boldsymbol{N}_{\text{beam}}}{}^{l}[\boldsymbol{M}_{\text{beam}}]_{\text{exp}}+[\boldsymbol{M}_{\text{lump}}]_{\text{exp}}\end{cases} \tag{4-2}$$

4.2.2　弹性行星架和行星销结构

对于行星系统的力学仿真，在一定程度上将太阳齿轮和行星齿轮假设为刚体是合理的，但在大型高端行星系统的装备应用中，由于大型齿轮和行星架的变形非常显著，这种假设可能会引入严重的分析误差。因此，在分析过程中将行星系统中的太阳轮和行星齿轮等外啮合齿轮视为刚性实体，而行星架和内齿圈则采用多种子结构方法缩聚而成的三维有限元模型来表示。采用通用有限元分析软件 HyperMesh 对行星架进行几何网格划分，推导出相应的刚度矩阵和质量矩阵。图 4.2 显示了简单的 10 节点四面体单元离散行星架结构的结果。由于我们只重点关注行星架的刚度和惯性，而不是其应力结果，所以不需要精确的网格密度。在行星架的有限元模型中使用耦合元件来建立行星销与行星架之间的连接，以及行星架与其轴承之间的连接，如图 4.2 所示。其中，将行星销视作串联的两个圆柱形 Timoshenko 光束，行星架销孔处的一组节点连接到 Timoshenko 光束组件末端的主节点。主节点作为行星销的控制节点和行星架外部载荷的应用。Timoshenko 梁组件的中心节点通过集总弹簧元件连接到行星齿轮的中心，其结构参数描述滚针轴承的刚度特性。

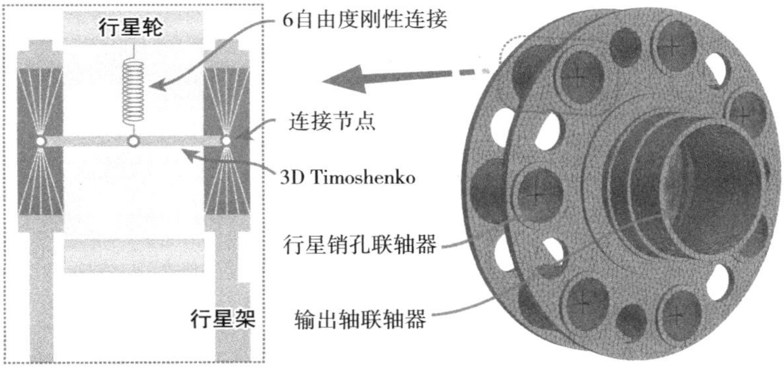

图 4.2　行星系统组件中的行星架、销、轴承和齿轮

在准静态分析的实例中，采用这种先进的缩聚方法，保证了模型的计算效率。由于该方法依赖于静态平衡条件，因此具有较高的准静态模拟精度，且精度不受有限元模型中节点数的影响。

4.2.3　弹性内齿圈结构

为了保证齿圈应力、应变分析的准确性和效率，采用层级有限元技术进行分析。内齿圈轮缘弹性行为的系统级模型和内齿圈应力响应的次级子模型如图 4.3 所示。图 4.3(a)显示了用 10 节点四面体单元离散齿圈的结果。由于我们只关注弹性变形结果，而不是应力结果，所以在系统级模型中不需要精确的网格密度，而在次级子模型中，配置了内齿圈的详细几何信息，采用了20节点六面体单元，如图4.3(b)所示。在系统级模型中计算的轮缘节点位移结果将作为次级子模型的位移边界条件，使齿圈的应力响应能够考虑轮缘弹性变形的影响。此外，根据原设计方案的支撑条件，在仿真模型中将内齿圈端面处和所有装配孔内壁处的所有节点设置为完全约束节点。

在分离内部位移 $\boldsymbol{X}_{\mathrm{RGin}}$ 和控制节点自由度 $\boldsymbol{X}_{\mathrm{RGco}}$ 后，采用如下假设：

$$\begin{bmatrix}\boldsymbol{X}_{\mathrm{RGin}}\\ \boldsymbol{X}_{\mathrm{RGco}}\end{bmatrix}=[\boldsymbol{\Phi}_{\mathrm{N}}]\boldsymbol{q}_{\mathrm{RG}} \tag{4-3}$$

式中 $\boldsymbol{X}_{\mathrm{RGin}}$ ——内部自由度向量；

$\boldsymbol{X}_{\mathrm{RGco}}$ ——缩聚的自由度向量；

$[\boldsymbol{\Phi}_{\mathrm{N}}]$ ——无阻尼齿圈结构的截断模态矩阵；

$\boldsymbol{q}_{\mathrm{RG}}$ ——模态未知数向量。

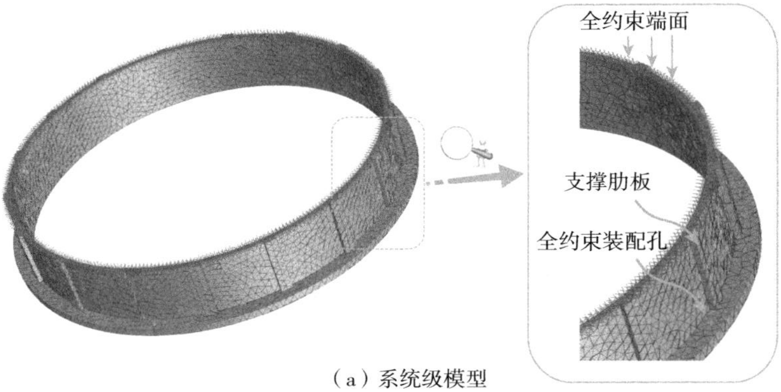

(a) 系统级模型

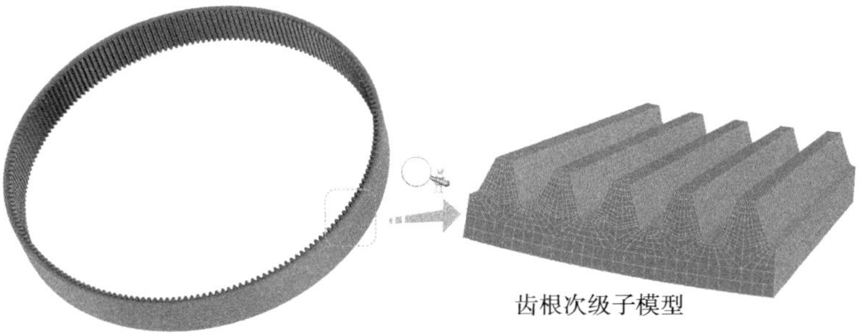

(b) 次级子模型

图4.3 内齿圈有限元模型

4.2.4　行星轴承结构

基于集中质量法，将行星轴承单元看作横跨行星销孔的三个集中弹簧单元组成，将行星轮 j 的节点 O_j 与行星架基板对应的三个边界节点（在图 4.4 中表示为 N_1、N_2 和 N_3）连接起来。

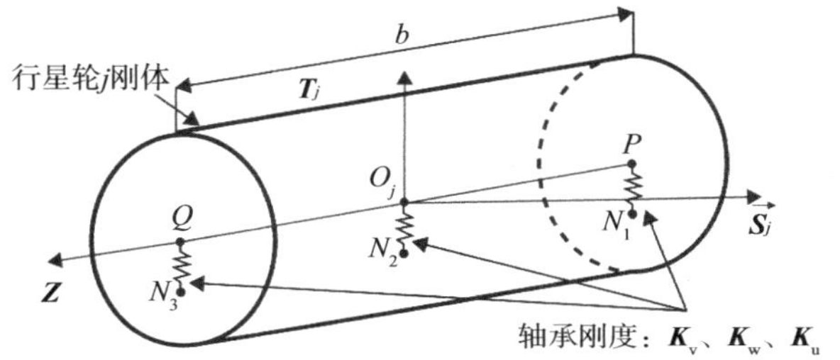

图 4.4　行星轴承单元

将行星轮建模为具有 6 自由度的刚性圆盘，这些自由度是叠加在刚体运动上无穷小的广义位移，其表示为：

$$\{\tau_j\}\begin{cases}u_j(O_j)=v_j\boldsymbol{S}_j+w_j\boldsymbol{T}_j+u_j\boldsymbol{Z}\\ \omega_j=\varphi_j\boldsymbol{S}_j+\psi_j\boldsymbol{T}_j+\theta_j\boldsymbol{Z}\end{cases}\tag{4-4}$$

式中　$\boldsymbol{S}_j$、$\boldsymbol{T}_j$ 和 $\boldsymbol{Z}$——固定在太阳轮/行星轮 j 网格上的坐标系的单位向量，如图 4.5 所示。

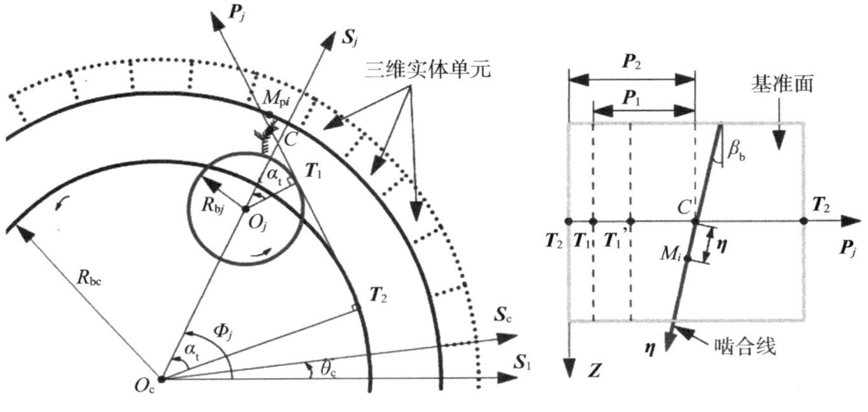

图 4.5　行星轴承单元

考虑 P 和 Q 两点属于行星轮 j，它们的位移用螺旋力矩 $\{\tau_j\}$ 的位移特性表示为：

$$\begin{cases} u_j(P)=u_j(O_j)+PO_j\times\omega_j \\ u_j(Q)=u_j(O_j)+QO_j\times\omega_j \end{cases} \tag{4-5}$$

如图 4.5 所示，$\boldsymbol{K}_{\mathrm{v}}$、$\boldsymbol{K}_{\mathrm{w}}$ 和 $\boldsymbol{K}_{\mathrm{u}}$ 分别表示 P 和 N_1、O_j 和 N_2 之间的 $\boldsymbol{S}_j$、$\boldsymbol{T}_j$ 和 $\boldsymbol{Z}$ 方向的刚度。位于连接节点 N_1 和 P 点之间的弹簧元件 1 中储存的应变能为：

$$U_1=\frac{1}{2}\boldsymbol{X}^{\mathrm{T}}[\boldsymbol{K}_{\mathrm{u}}\boldsymbol{V}_{\mathrm{u}}\cdot\boldsymbol{V}_{\mathrm{u}}^{\mathrm{T}}+\boldsymbol{K}_{\mathrm{v}}\boldsymbol{V}_{\mathrm{v}}\cdot\boldsymbol{V}_{\mathrm{v}}^{\mathrm{T}}+\boldsymbol{K}_{\mathrm{w}}\boldsymbol{V}_{\mathrm{w}}\cdot\boldsymbol{V}_{\mathrm{w}}^{\mathrm{T}}]\boldsymbol{X} \tag{4-6}$$

式中　$\boldsymbol{X}^{\mathrm{T}}$—— 包含与节点 O_j（6 自由度）和 N_1（3 自由度）相关的自由度的向量，且 $\boldsymbol{X}^{\mathrm{T}}=(u_j,v_j,w_j,\varphi_j,\psi_j,\theta_j,u_{N_1},v_{N_1},w_{N_1})$。

如图 4.5 所示，结构矢量 $\boldsymbol{V}_{\mathrm{u}}$、$\boldsymbol{V}_{\mathrm{v}}$ 和 $\boldsymbol{V}_{\mathrm{w}}$ 用行星轮宽度及其角度位置 Φ_j 可表示为：

$$\boldsymbol{V}_{\mathrm{u}}^{\mathrm{T}}=\langle 1,0,0,0,0,0-1,0,0\rangle$$

$$\boldsymbol{V}_{\mathrm{v}}^{\mathrm{T}}=\langle 0,\cos\Phi_j,-\sin\Phi_j,-\frac{b}{2}\sin\Phi_j,-\frac{b}{2}\cos\Phi_j,0,0,-1,0\rangle$$

$$\boldsymbol{V}_{\mathrm{w}}^{\mathrm{T}}=\langle 0,\sin\Phi_j,\cos\Phi_j,\frac{b}{2}\cos\Phi_j,-\frac{b}{2}\sin\Phi_j,0,0,0,-1\rangle \tag{4-7}$$

同一行星轮上的其余弹簧元件，也采用类似的方法，得到行星轴承单元的 15×15 的刚度矩阵，该矩阵将行星轮中心 $(u_j,v_j,w_j,\varphi_j,\psi_j,\theta_j)$ 的 6 个自由度和节点 $N_1(u_{N_1},v_{N_1},w_{N_1})$、$N_2(u_{N_2},v_{N_2},w_{N_2})$ 和 $N_3(u_{N_3},v_{N_3},w_{N_3})$ 的自由度耦合。

4.2.5　行星载荷分布模型

图 4.6 总结了系统控制方程的原理。在计算理论接触线和系统柔性的基础上，采用一种改进的单纯形算法结合隐式数值积分法。对每个时间步的连续啮合位置的实际压力角、接触比、基面位置、啮合区域和相应的啮合相位进行了重新评估，以产生一组非线性参数微分方程，从而得到行星系统完整的准静态负载分配解。

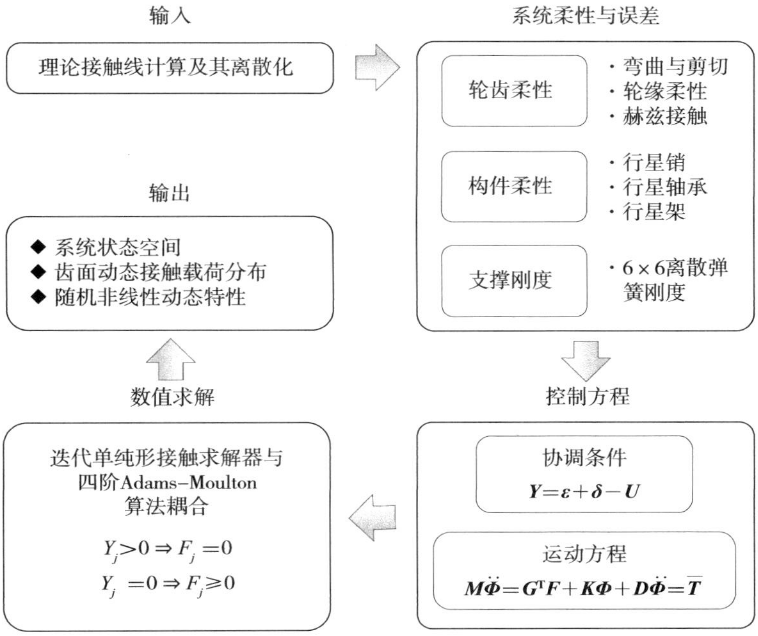

图 4.6　系统控制方程

4.3　重型直升机行星齿轮准静态弹性行为仿真模型

4.3.1　行星机构整体构型

该行星机构的系统仿真模型如图 4.7 所示，其为 NGW 结构，N 表示内啮合、W 表示外啮合、G 表示同时与两个中心轮相啮合的公共齿轮。在此结构中，其中内齿圈固定在主齿轮箱上，太阳轮作为动力输入部件，行星架作为动力输出部件，在行星架上安装了 7 个均匀分布的行星轮。行星机构系统内部的功率流路径为：输入轴→太阳轮→行星轮/内齿圈→行星架，经过 3.334 倍的减速最终由行星架将运动和动力传递给主旋翼轴。此外，行星机构的额定工况为：输入功率为 5 530 kW，输入转速为 523 r/min，工作温度为 70 ℃。行星齿轮几何参数如表 4.1 所示。

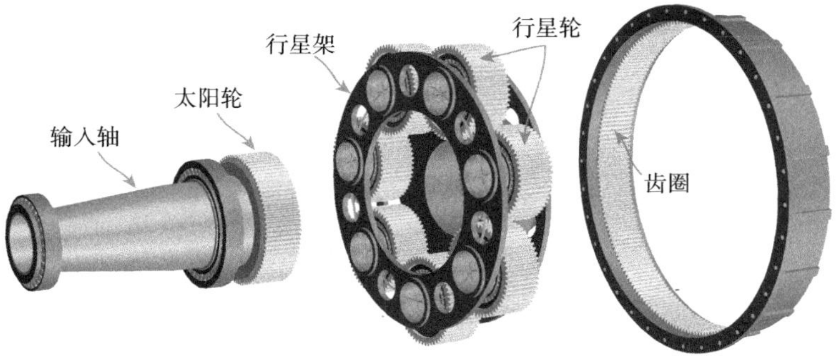

图 4.7　直升机主减速器行星机构

表 4.1　行星齿轮几何参数

参数	太阳轮	行星轮	内齿圈
模数/mm	5.012	5.012	5.012
齿数	84	56	196
齿轮数	1	7	1
压力角/(°)	20	20	20
螺旋角/(°)	0	0	0
齿宽/mm	120.4	120.4	120.4
基圆直径/mm	394.671	263.114	920.899
基圆节距/mm	14.761	14.761	14.761
齿根圆角半径/mm	1.85	1.77	1.81
齿面硬度	60 HRC	60 HRC	60 HRC
齿芯硬度	35 HRC	35 HRC	35 HRC
弹性模量/($\times10^5$ MPa)	2.07	2.07	2.07
泊松比	0.3	0.3	0.3

4.3.2　系统支撑条件

在本次分析任务中假设减速器箱体为刚体，输入轴由两个圆锥滚子轴承(TRB)以 O 形布局方式支撑，轴承外圈与箱体刚性连接。全部行星轮沿圆周方向均匀分布在行星架上，行星轮内部装配 X 形布局的双列圆锥滚子轴承(DR-TRB)，轴承内圈与行星轴刚性连接。向心球轴承(RBB)用于固定行星架，并使其具备微小的浮动量，其大小和方向由轴承间隙控制，在一定程度上抵消行星轮间的载荷分配不均等行为，轴承外圈与箱体刚性连接，系统中各类主要轴承的结构形式及参数分别如图 4.8 和表 4.2 所示。在系统模型中,齿轮的啮合刚度以及轴承的支承刚度用弹簧进行表征(图 4.9),系统自由度设置如图 4.9(b)所示。内齿轮副(行星轮与内齿圈)的刚度构成如图 4.9(c)所示。

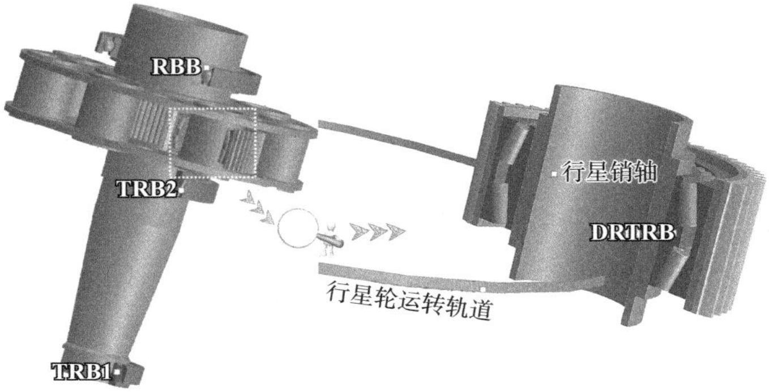

图 4.8　系统中的轴承结构

表 4.2　轴承结构参数

参数	TRB1	TRB2	DRTRB	RBB
外径/mm	310	420	240	480
内径/mm	200	300	160	360
宽度/mm	70	76	102	56
滚子数	31	40	72	24
滚子直径/mm	23	26	16	40
滚子长/mm	50	55	38	—
接触角/(°)	15.945	14.931	17.049	0

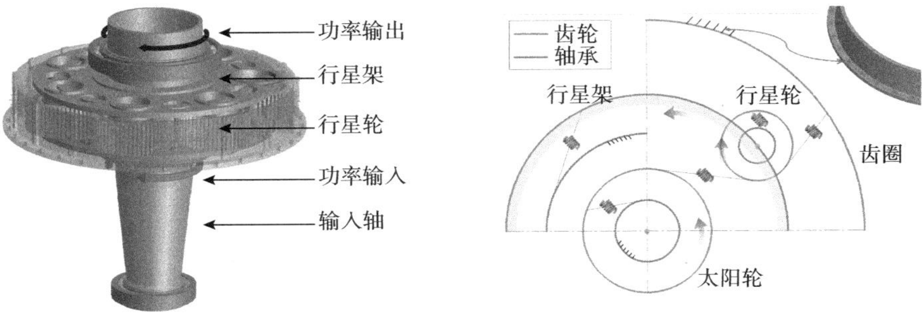

(a) 行星系统整体构型　　(b) 系统自由度设置

图 4.9　行星机构系统级模型

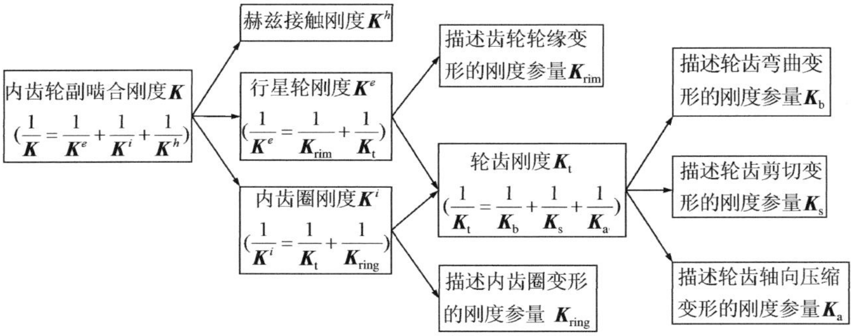

（c）内齿轮副刚度构成

图 4.9 （续）

4.3.3 关键部件有限元建模

对于齿轮与轴承等标准零部件的实体模型创建，借助 Romax 专业软件中强大的标准件参数化建模功能来完成此项工作。此外，在行星机构的系统模型中包括了 4 个关键的有限元部件，分别是行星架、内齿圈、行星轮以及集成了太阳轮的输入轴，利用 SolidWorks 以及 HyperMesh 通用有限元软件的技术优势来共同实现有限元部件的高质量参数化建模。相应的有限元模型与网格参数如表 4.3 所示。在各类有限元模型中创建完整的轮齿特征可使系统级柔性分析结果中涵盖准确的轮缘扭曲变形与轮齿弯曲变形等力学行为特征，这样能够为齿根应力计算的次级子模型提供更加有效的位移边界条件。

表 4.3 有限元模型的网格参数

有限元模型	有效尺寸	最小角度
输入轴 	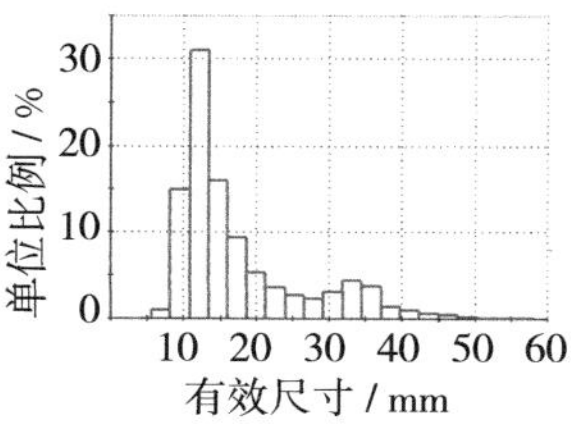	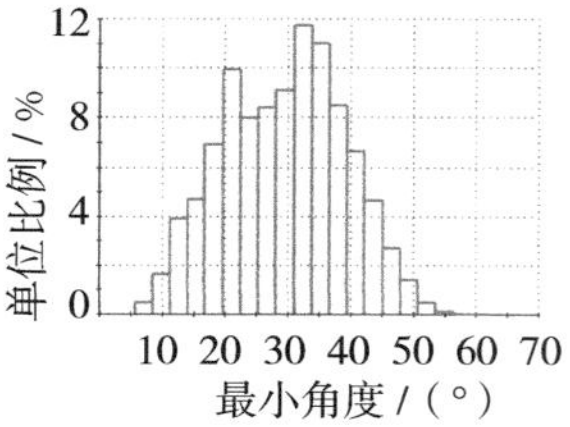
体网格节点数：134 562，体网格单元数：69 852		

表4.3(续)

有限元模型	有效尺寸	最小角度
行星轮 	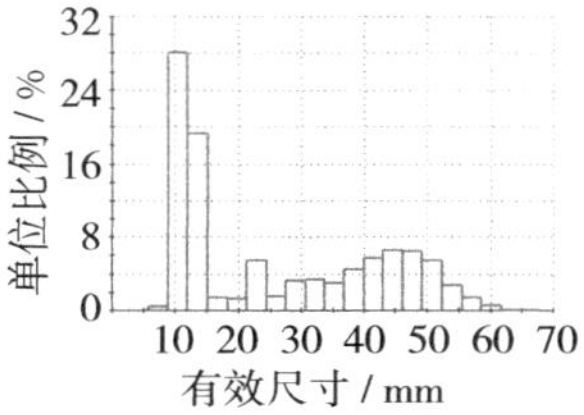	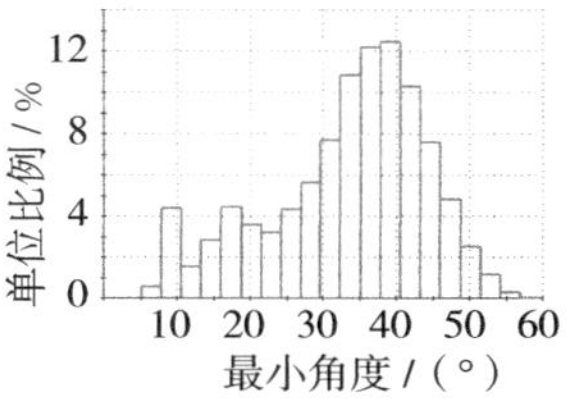
体网格节点数:131 021,体网格单元数:68 025		
内齿圈 	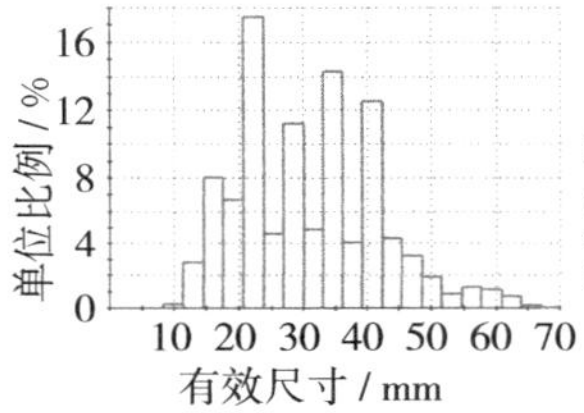	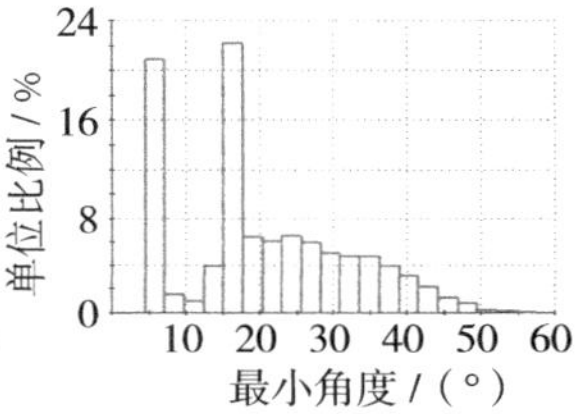
体网格节点数:121 237,体网格单元数:63 137		
行星架 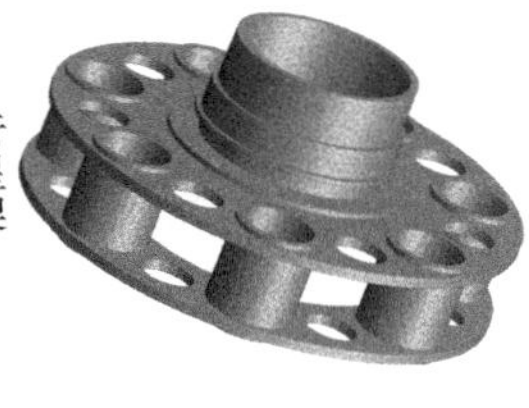	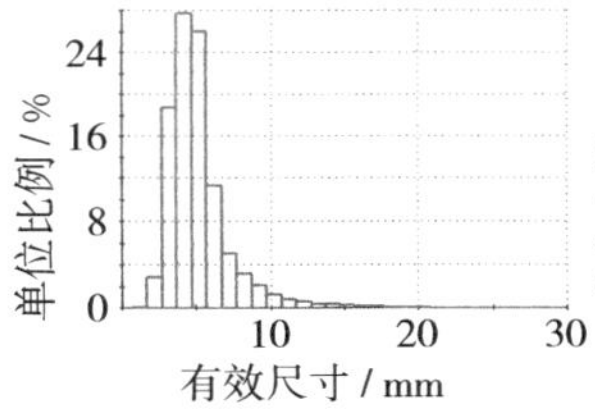	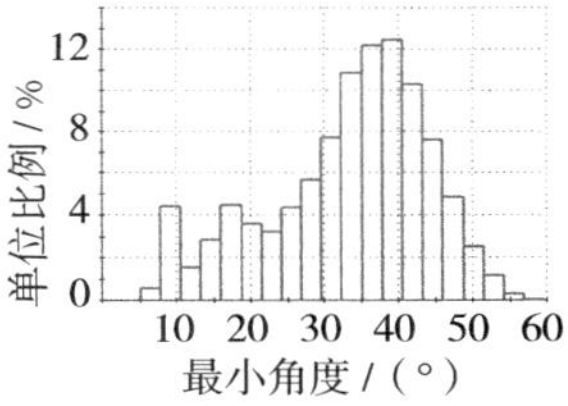
体网格节点数:113 092,体网格单元数:61 850		

4.3.4 建立节点连接

将上述输入轴与行星架等有限元模型以及齿轮与轴承等实体模型分别导入 Rotation Master(RM)软件平台中,该软件是一款专门针对大型复杂传动系统综合分析与计算的高级仿真平台,它能够出色地完成多种 CAD 和 CAE 软件的无缝集成,目前在航空及汽车等工程技术领域得到了广泛应用。将导入的实体模型与有限元模型在统一的全局坐标系下进行定位和装配,并建立两类模型之间的节点连接关系。综合调节搜索准则与选择方式等控制参数,利用 RM 的容差搜索技术筛选出有限元模型与实体模型之间的连接节点组,并建立有限元构件的节点刚性连接。随后,将系统中的有限元模型进行缩聚,以提取相应的质量和刚度矩阵。同时,以变形平滑度作为评价指标,借助缩聚节点之间的载荷传递行为来检验各个刚度矩阵的性能。最后，在系统模型上施加载荷边界条件，并对其执行准静态弹性力学行为全局运算，目的在于获得各个弹性构件的节点位移响应及齿面时变载荷线结果，为齿根应力分析的次级子模型提供位移与载荷边界条件。

4.3.5 容差搜索技术

容差搜索技术中的两个搜索准则解析示意图如图 4.10 所示，其中 D 表示节圆直径，d_1、d_2 表示搜索范围，TF 表示容差因子。图中两组半圆分别作为空心与实心圆柱体横截面的几何展示，这两个圆柱体将分别用来定义两种搜索准则所对应的搜索区间。在指定圆柱体高度范围内，“壳搜索”将搜索出位于空心柱体内、外壁之间以及壁面上的所有节点，这种搜索准则适用于轴承内圈实体模型与轴类(包括行星架)有限元模型之间的节点连接任务；“实体搜索”将搜索出实心柱体内部包括其外表面上的全部节点，这种搜索准则适用于建立有限元轮齿与其啮合线之间的节点连接关系。

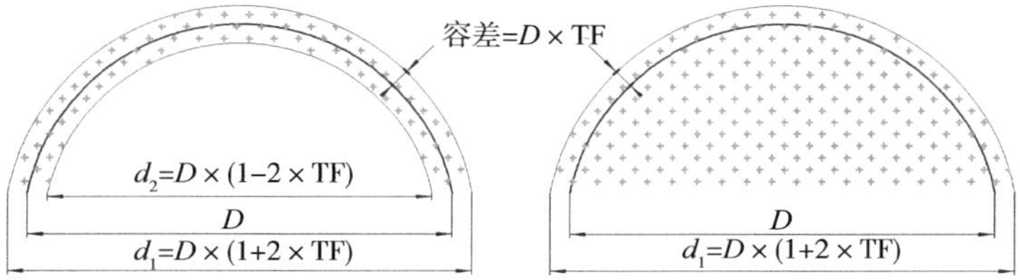

(a) 壳搜索　　(b) 实体搜索

图 4.10　节点搜索准则

RM 软件可根据节点连接处的几何特征自动生成节圆直径(D)，容差因子(TF)用来调节圆柱体内、外壁面的直径参数，用以优化连接节点数量和连接刚度等连接属性。此外，在行星齿轮系统的弹力学分析中，许多刚体类型的自由度只受接触条件的约束，因此如果采用带间隙单元的非线性有限元代码，可能会出现增量刚度矩阵的奇异性。这将阻碍大多数商业有限元代码的有效运行。针对 RBE2 单元类型，可将所选连接节点捆绑成为刚性节点群，这意味着所有节点将具有相同的位移参量，从而可简化模型并提高计算效率；RBE3 单元类型可在选定的连接节点上均匀分配载荷，它通过增加节点周围的柔性来降低连接区域刚度，这样从分析中获得的弹性体变形行为将更加准确，但由此花费的计算成本也会显著增加。

图 4.11 中展示了输入轴上的圆锥滚子轴承(TRB1、TRB2)、功率输入以及太阳轮轮齿与其啮合线(节圆位置)之间连接结果,表 4.4 为相应的节点参数;图 4.12 中展示了内齿圈上的固定装配孔与减速器箱体之间以及行星轮轮齿与其啮合线(节圆位置)之间连接结果,表 4.5 为相应的节点参数;图 4.13 中展示了行星架上销孔与行星轴之间、行星架与圆锥滚子轴承(RBD)之间、行星架与功率输出之间的节点连接结果,表 4.6 为相应的节点参数。

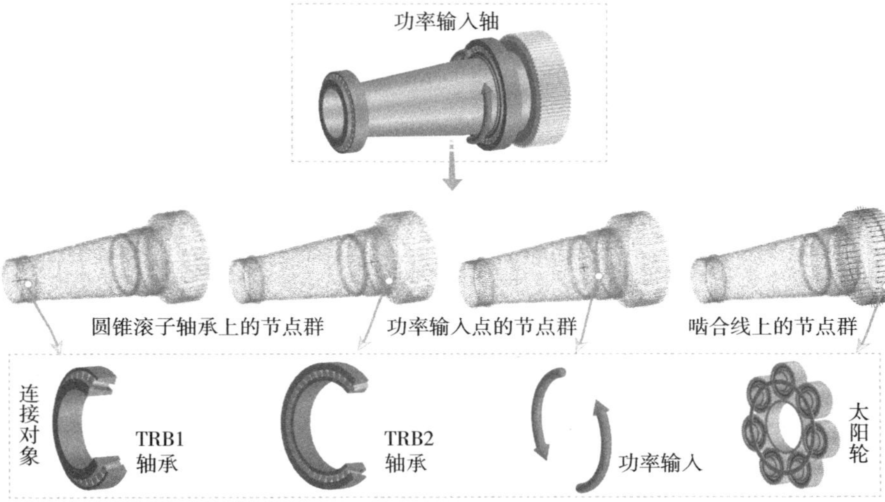

图 4.11　输入轴节点连接

表 4.4　输入轴节点连接容差搜索参数

连接对象	节点搜索准则	选择方法	节圆直径/mm	容差因子	元素类型	连接节点数
TRB1	壳搜索	空间	$D=200$	TF=0.01	RBE2	733
TRB2	壳搜索	空间	$D=300$	TF=0.01	RBE2	1 077
功率输入	实体搜索	空间	$D=280$	TF=0.01	RBE2	697
太阳轮	实体搜索	空间	$D=10$	TF=0.01	RBE2	1 452

表 4.5　齿圈节点连接容差搜索参数

连接对象	节点搜索准则	选择方法	节圆直径/mm	容差因子	元素类型	连接节点数
装配孔	壳搜索	空间	$D=1\ 049$	TF=0.01	RBE2	1 291
啮合线	壳搜索	空间	$D=22$	TF=0.01	RBE2	24 097

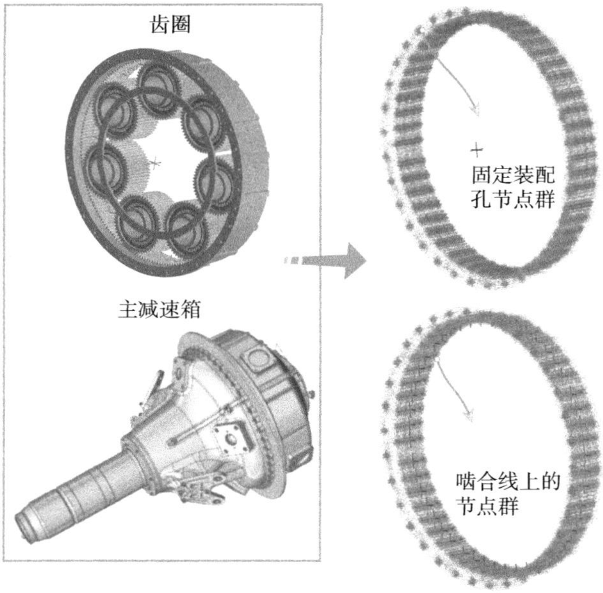

图 4.12　齿圈节点连接

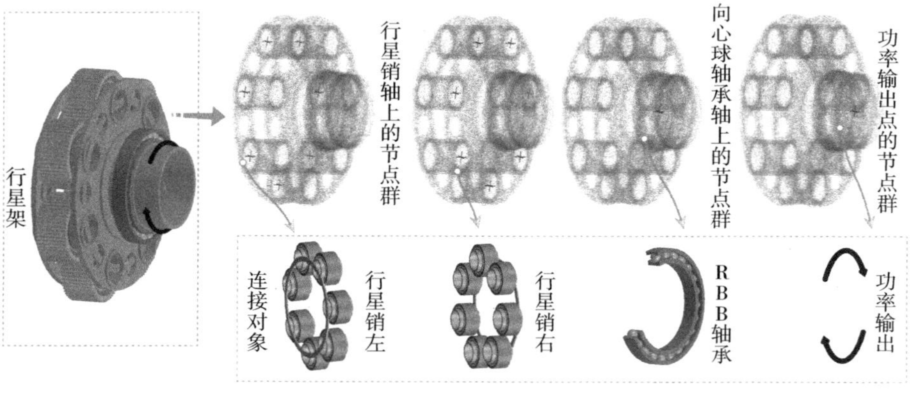

图 4.13　行星架节点连接

表 4.6　行星架节点连接容差搜索参数

连接对象	节点搜索准则	选择方法	节圆直径/mm	容差因子	元素类型	连接节点数
行星销左	实体搜索	空间	D=160	TF=0.01	RBE2	2 050
行星销右	实体搜索	空间	D=160	TF=0.01	RBE2	2 122

表4.6(续)

连接对象	节点搜索准则	选择方法	节圆直径/mm	容差因子	元素类型	连接节点数
RBB轴承	壳搜索	空间	$D=360$	TF=0.01	RBE2	1 264
功率输出	壳搜索	空间	$D=340$	TF=0.01	RBE2	645

4.4　大型风电齿轮传动系统构件柔性力学建模

4.4.1　大型风电齿轮传动系统简介

变速箱中的加速转换由三级齿轮传动完成。第一级和第二级为 NGW 型行星轮系，二者配置相同，其中内齿圈与箱体刚性连接，行星架和太阳齿轮分别作为动力输入端和输出端。第三级是一对斜齿轮副，其中小齿轮轴作为整个增速器的功率输出，将最终的高速直接传递给发电机转子。该大型风力增速器的总体配置和内部支撑细节如图 4.14 所示，各级齿轮参数和系统额定工况分别如表 4.7 和表 4.8 所示。

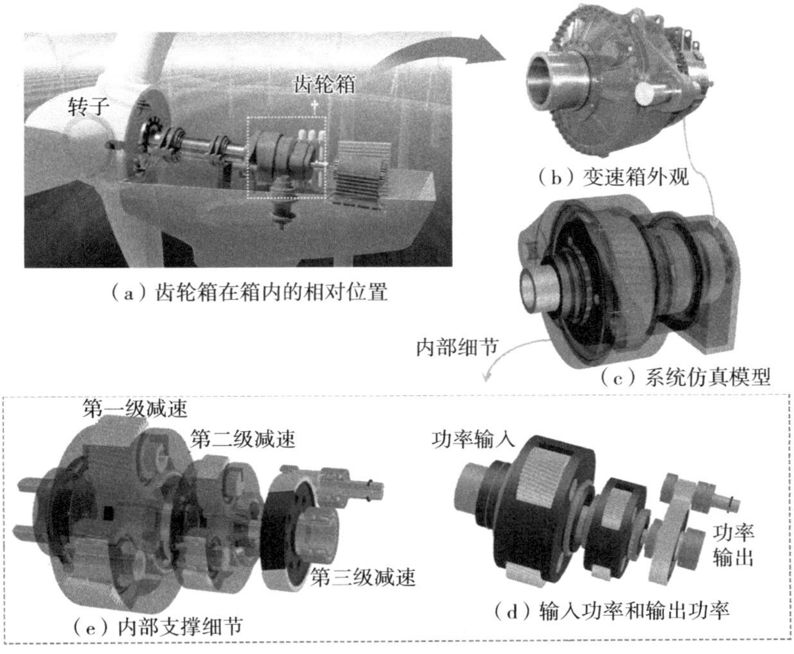

图 4.14　大型风电齿轮箱总体配置

表 4.7 额定工作参数

项目	参数
额定功率/MW	5
总传动比	1∶97.2
额定转子转速/(r/min)	12.1
发电机额定转速/(r/min)	1 173.7
设计寿命/a	20

表 4.8 齿轮系统参数

参数	第一级	第二级	第三级
类型	行星轮系	行星轮系	斜齿轮副
传动比	1∶5.17	1∶5.80	1∶3.24
模数/mm	22	12	14
压力角/(°)	20	20	20
螺旋角/(°)	15	15	15
齿宽/mm	620	460	330
齿数	—	—	—
太阳轮/小齿轮	29	30	25
行星轮/斜齿轮	46	57	81
内齿圈	121	144	—
变位系数	—	—	—
太阳轮/小齿轮	−0.23	−0.33	0.44
行星轮/斜齿轮	0.36	0.38	0.52
内齿圈	−0.50	−0.43	—
ISO 质量等级	—	—	—
太阳轮/小齿轮	6	6	8
行星轮/斜齿轮	6	6	8
内齿圈	7	7	—
材料	20 CrMnTi	20 CrMnTi	20 CrMnTi
表面硬度	59～63 HRC	59～63 HRC	59～63 HRC
内部硬度	35～48 HRC	35～48 HRC	35～48 HRC

4.4.2　关键部件有限元建模

风电齿轮箱第一级行星架的有限元模型和几何结构如图 4.15 所示，其中图 4.15(b)显示了三行星系统的有限元网格示例，其支撑条件由集总刚度单元模拟。

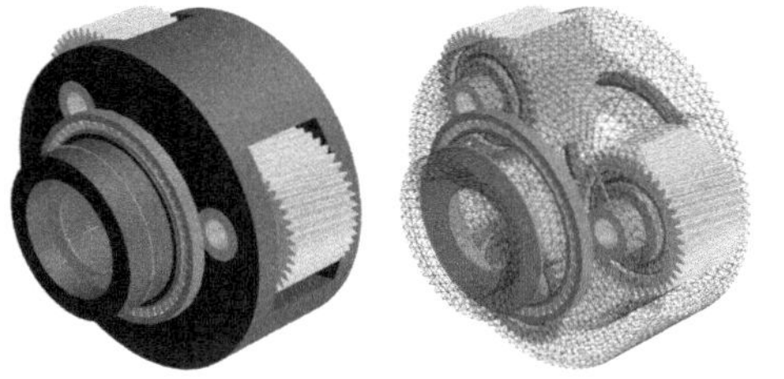

（a）有限元模型　　（b）有限元网格

图 4.15　第一级行星架

对于行星架和齿轮箱这类异形部件而言，采用有限元建模方法进行建模，并进行全柔性设置，以表达其自由度特性。带有网格质量参数的有限元建模结果如图 4.16 所示，其模型质量满足系统级模型求解器的最低要求。此外，关于轴承还有一个关键假设，即它们的内圈和外圈是刚体，不会因载荷而变形，只能整体移动或倾斜，并且该假设在一定程度上不影响齿根应力计算的准确性。

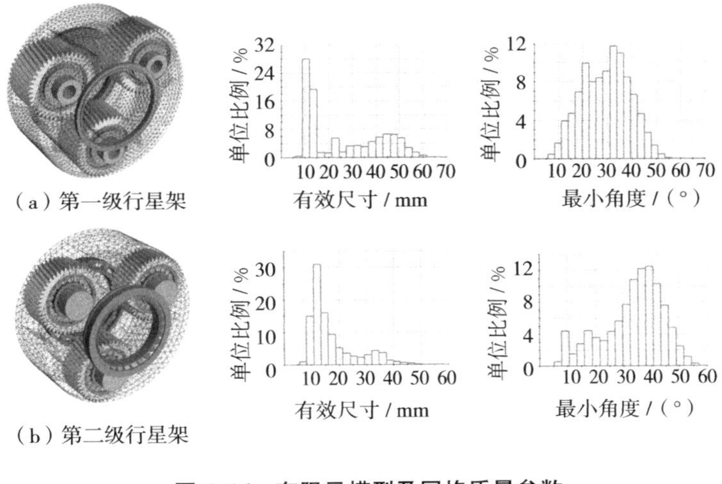

（a）第一级行星架

（b）第二级行星架

图 4.16　有限元模型及网格质量参数

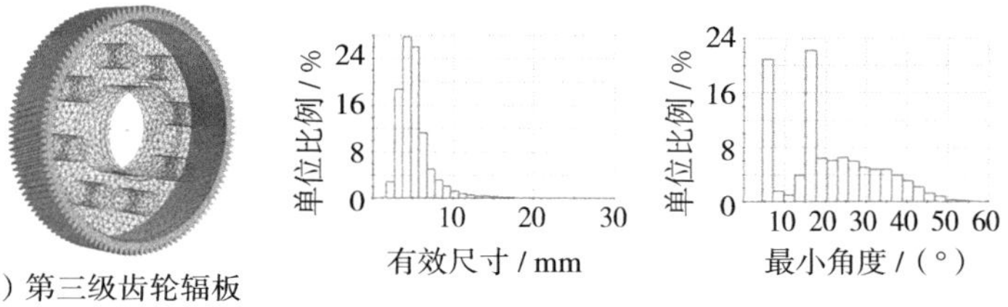

(c) 第三级齿轮辐板

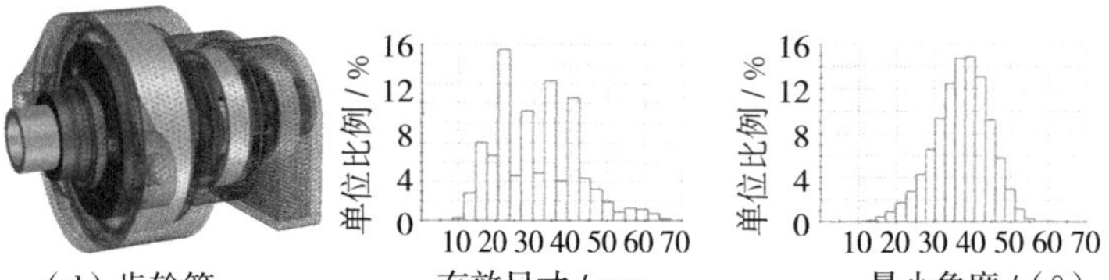

(d) 齿轮箱

图 4.16 (续)

4.4.3 系统模型的计算方法及相关假设

为了提高齿根弯曲应力的计算精度，系统级模型考虑了三个主要影响因素：齿轮的工作载荷、齿轮结构参数以及工作环境等。具体指标划分如图 4.17 所示。此外，系统级模型中各传动部件的建模方法和自由度设置详见表 4.9。其中，主轴、弹性支承、联轴器等轴元件以 Timoshenko 梁的形式进行机械描述，可以更真实地还原轴部件的质量分布和刚度分布，同时充分考虑了扭转、轴向、弯曲等必要的自由度特性，从而不低于 DNV 规范中相关分析的最低要求。

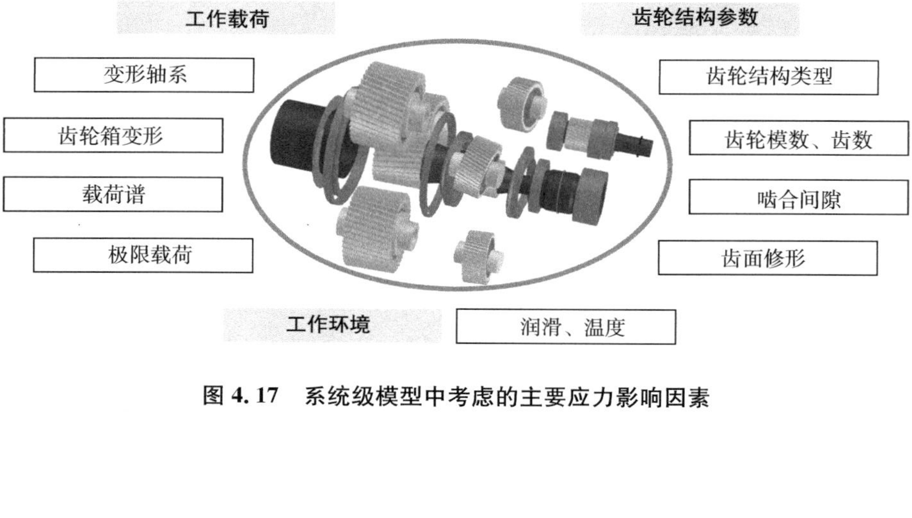

图 4.17 系统级模型中考虑的主要应力影响因素

表 4.9　核心部件的模型配置和自由度数量

核心部件	模型配置	自由度
齿轮	啮合刚度模型	扭转、轴向、弯曲
轴	Timoshenko 梁模型	扭转、轴向、弯曲
轴承	非线性赫兹接触模型	6 自由度刚度矩阵
行星架	有限元模型	完全灵活
齿轮箱	有限元模型	完全灵活

4.5　本章小结

本章主要介绍了大型行星系统多刚柔体动力学仿真建模机理。以某重型运输直升机主减速器、某型号 5 MW 大型风电增速箱为例，对其中行星机构的主要结构特征、尺寸及支撑条件进行说明，利用半解析有限元技术完成了相应的行星机构多刚柔体动力学仿真建模。主要结论包括：

① 针对大型高端行星系统构件的柔性问题，完成了弹性轴、弹性行星架和行星销、弹性齿圈和行星轴承柔性模型的建立，在准静态静力分析的实例中，为了分析行星架、行星销和输入、输出轴相关结构柔度的影响，建模过程中对其采用了一种先进的缩聚方法，保证了模型的计算效率，由于该方法依赖于静态平衡条件，因此具有较高的准静态模拟精度，且精度不受有限元模型中节点数的影响。

② 介绍了“容差搜索”中的“实体搜索”与“壳搜索”技术。综合调节搜索准则与选择方式等控制参数，利用 RM 软件的容差搜索技术筛选出有限元模型与实体模型之间的连接节点组，建立有限元构件的节点刚性连接，保证了分析模型的精度。

③ 完成了重型直升机行星齿轮准静态弹性行为仿真建模。介绍了某重型运输直升机主旋翼行星机构的主要结构特征、行星机构系统内部的功率流路径，详细描述了系统支的撑条件，包括系统的自由度设置、内齿轮副的刚度构成以及各类轴承的型号以及安装方式；借助 SolidWorks、HyperMesh 等有限元分析软件完成了行星机构中关键部件的三维建模以及网格划分。

④ 完成了大型风电齿轮传动系统构件柔性力学建模。介绍了某型号5 MW大型风电增速箱行星机构的主要结构特征，说明了系统级模型中各传动部件的建模方法和自由度设置，完成了关键结构的有限元建模与网格划分。此外，列举说明了系统级模型中考虑的主要应力影响因素。

第二篇　齿轮传动可靠性分析理论与方法

第 5 章　齿轮弯曲疲劳试验技术

5.1　引言

通过试验方法为行星齿轮传动系统的疲劳可靠性评估提供强度输入信息是齿轮系统疲劳可靠性指标分析的关键。如果直接采用齿轮级强度试验，大型行星系统中齿轮种类多、尺寸大，将给疲劳可靠性试验带来巨大的成本。此外，如果采用材料级强度试验，则难以准确地建立材料与齿轮结构之间的疲劳强度关系。因此，为了平衡强度获取的准确性和试验实施的经济性，从行星系统轮齿的结构特点出发，以特定结构参数的齿轮试件作为行星系统轮齿弯曲疲劳强度的信息载体，开展了轮齿级强度模拟试验。

5.2　齿轮失效分析与应力计算准则

5.2.1　失效机理分析

轮齿弯曲疲劳断裂会给齿轮传动带来严重的危害，影响着动力传输系统的正常运行。通常，齿轮弯曲疲劳失效始于单个齿轮的断裂，裂纹逐渐向相邻轮齿扩展，最终导致整个齿轮传动失效。因此，通过对齿轮失效过程的深入研究，可以为预防轮齿弯曲疲劳断裂提供重要的理论基础和技术支持。在轮齿啮合的过程中，最大拉应力和压应力分别出现在受载齿侧和被动齿侧的齿根表面。裂纹通常从齿根表面开始向零应力点扩展(图 5.1)，随着裂纹的扩展，零应力点会逐渐移动到齿根下方，最终导致轮齿瞬间折断。裂纹的走向如图 5.1(a)所示。

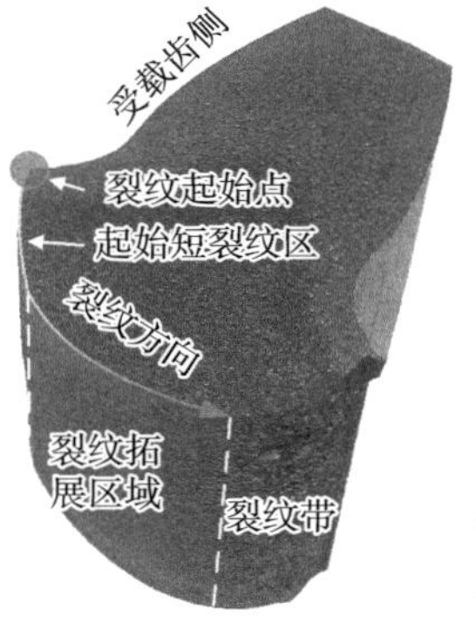

（a）轮齿断口

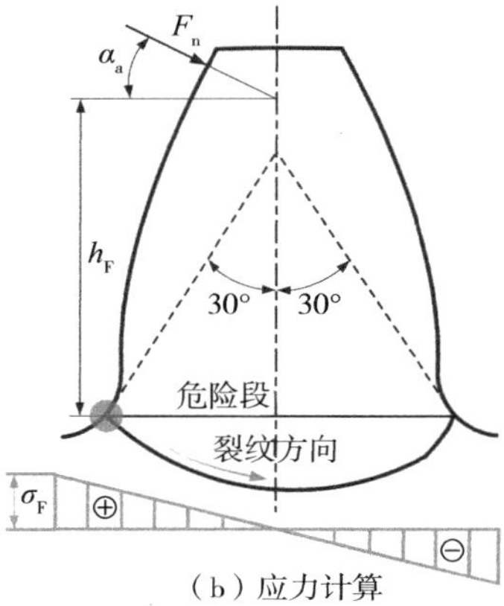

（b）应力计算

图 5.1　失效机理分析与应力计算

从断口的裂纹扩展区和瞬断区的特征来看，裂纹扩展区光滑，瞬断区较粗糙且具有金属光泽，同时还有较多的韧性断裂特征。一旦首断齿形成裂纹，实际齿廓与理论齿廓将发生分离，使相邻的两个轮齿承担更大的载荷，因此随后的失效将发生在这两个轮齿上。这种清晰的断口特征为轮齿断裂过程的深入理解提供了重要线索。

5.2.2　齿根弯曲应力计算

在齿轮传动系统中，确定轮齿的危险截面是至关重要的。常用的方法是将轮齿视为短悬臂梁，采用 30°切线法，如图 5.1(b)所示。这种方法以单对齿啮合时全部载荷作用于齿顶的法向力 F_n 为基础，用于计算危险截面上的最大弯曲应力。通过这一方法确定轮齿的危险截面，可以有效地评估齿轮在工作过程中的弯曲应力分布，为完善齿轮传动系统的设计和提高系统性能提供重要依据。

$$F_n = \frac{2T_1}{d_1 \cos \alpha} \tag{5-1}$$

式中　T_1—— 主动齿轮的转矩；

d_1—— 主动齿轮的分度圆直径；

α—— 压力角。

对于齿轮的载荷计算，需要考虑齿轮动载荷、啮合齿轮副间载荷分配不均等问题，齿轮的计算载荷可表示为：

$$F_{nc}=KF_n \tag{5-2}$$

式中 K—— 载荷系数，由使用系数 K_A、动载系数 K_v、齿向载荷分布系数 K_β 和齿间载荷分配系数 K_α 构成，即 $K=K_AK_vK_\beta K_\alpha$。

假设忽略齿面间的摩擦力，将 F_n 进行力的分解，可以得到 $F_n\cos\alpha_a$ 和 $F_n\sin\alpha_a$ 两个力，因为 $F_n\cos\alpha_a$ 产生的剪应力和 $F_n\sin\alpha_a$ 产生的压应力比 $F_n\cos\alpha_a$ 产生的弯曲应力要小得多，可忽略不计，从而最大齿根弯曲应力可表示为：

$$\sigma_F=\frac{6F_{nc}h_F\cos\alpha_a}{bS_F^2} \tag{5-3}$$

式中 h_F—— 力臂；

α_a—— 齿顶的载荷作用角；

b—— 齿宽；

S_F—— 危险截面齿厚，如图 5.1(b)所示。

将式(5-1)和式(5-2)代入式(5-3)得：

$$\sigma_F=\frac{2KT_1}{bd_1m}\frac{6\left(\frac{h_F}{m}\right)\cos\alpha_a}{\left(\frac{S_F}{m}\right)^2\cos\alpha} \tag{5-4}$$

式中 m—— 模数。

令 $Y_F=\dfrac{6\left(\frac{h_F}{m}\right)\cos\alpha_a}{\left(\frac{S_F}{m}\right)^2\cos\alpha}$，$Y_s$、$Y_\varepsilon$ 分别为应力修正系数、重合度系数，则最大齿根弯曲应力的常用表达式为：

$$\sigma_F=\frac{2KT_1}{bd_1m}Y_FY_sY_\varepsilon \tag{5-5}$$

式中 Y_F ——齿形系数，该系数仅与齿廓形状有关。

5.3 齿轮弯曲疲劳试验

5.3.1 齿轮试样

齿轮试样如图 5.2 所示，其参数见表 5.1、表 5.2。试验主要目的在于以试样的轮齿弯曲疲劳强度来模拟行星轮系中实际服役齿轮的轮齿强度，为行星系统可靠性模型提供直接的强度输入变量。

（a）直齿轮试样　　（b）斜齿轮试样

图 5.2　齿轮试样

为了有效保证试样与实际齿轮的接近程度，需要注意以下几点。首先，需要确保试样的轮齿几何参数与实际齿轮一致。其次，尽可能使试样的材料、生产工艺和精加工标准与实际齿轮相同，这样可以有效保证预测精度的可靠性。再次，在试验过程中，若试验试样的齿宽与实际齿轮齿宽一致，此时想要得到齿轮的失效数据，则需要给系统施加更大的扭矩，试验实施难度较大，同时试验时间将会大幅增加，这样无疑会增加试验成本。所以我们假设齿轮的裂纹起始位置在齿宽方向上的中点处，从而可忽略齿轮在齿宽方向上的尺寸效应。基于该假设，试样的齿宽可低于实际的齿轮齿宽，从而试验实施难度与试验成本可以得到有效控制。最后，确保所有齿轮试样来自同一批次生产流程，这样可以最大限度地减少测试数据的分散性。通过以上措施可保证试验数据的可用性，从而提高行星系统可靠性指标的准确评估水平。

表 5.1　直齿轮试样参数

项目	参数	项目	参数
模数/mm	5	ISO 质量等级	5
齿数	25	材料	1 Cr18Ni9Ti
压力角/(°)	21.3	渗碳深度/mm	0.8±0.13
螺旋角/(°)	0	齿轮表面硬度	59～63 HRC
齿宽/mm	23	齿轮齿芯硬度	35～48 HRC
齿根圆角半径/mm	1.8	精密加工方法	磨削

表 5.2　斜齿轮试样参数

项目	参数	项目	参数
模数/mm	6	ISO 质量等级	6
齿数	27	材料	20 CrMnTi
压力角/(°)	20	渗碳深度/mm	0.8±0.13
螺旋角/(°)	15	齿轮表面硬度	59～63 HRC
齿宽/mm	50	齿轮齿芯硬度	35～48 HRC
齿根圆角半径/mm	2.7	精密加工方法	磨削

5.3.2　试验设备

(1) 设备选择

高频疲劳试验机是一种常用于获取轮齿弯曲疲劳强度的设备。然而，在这种试验机中，脉动载荷只会施加在被测试的轮齿上，无法完全模拟实际工作状态下齿根部位的复杂多轴应力状态，该设备可能更适合齿轮质量参数的比较。然而，功率流封闭式齿轮旋转试验机可以解决上述缺点，在齿轮系统可靠性评估与预测任务中能够提供更加可靠的测试结果。通过这种试验机，研究人员可以更准确地评估齿轮系统的性能，从而预测其在实际应用中的耐久性和可靠性。因此，对于齿轮系统的疲劳强度评估，本试验选用功率流封闭式齿轮旋转试验机。

(2) 试验设备

利用功率流封闭式试验机对特定结构的齿轮试样进行加速寿命试验，试验平台整体布局如图 5.3 所示。试验机的静态加载装置采用了杠杆辅助加载的锥形摩擦面式加载器，它确保了试验机内部的功率流在重载、高周循环下的可

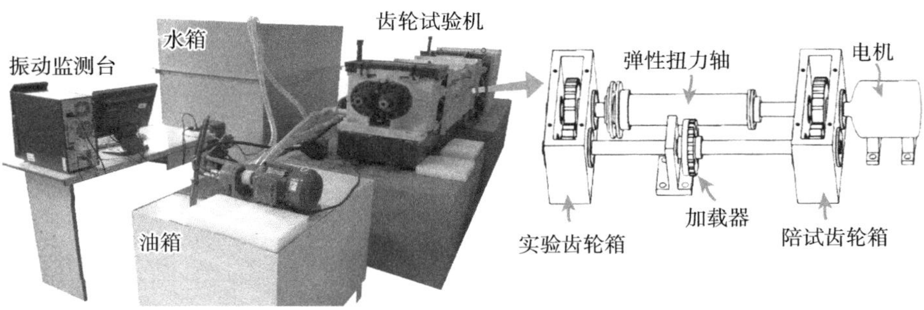

（a）试验平台布局　　　　（b）齿轮试验机工作原理示意图

图 5.3　试验设备总体布置

靠密封。

（3）工作原理

如图 5.3 所示，该设备主要包括试验齿轮箱、陪试齿轮箱、加载器等。其中加载器施加扭矩，加上试验齿轮副和陪试齿轮副的啮合力，使得弹性扭力轴发生弹性变形，锁住加载器即可将扭矩封闭在整个系统中。由于弹性内力储存在扭力轴中，所以试验齿轮始终承受着载荷，电机主要用于消耗摩擦阻力以驱动齿轮旋转，可以有效解决能耗过大的问题。

在齿轮试验机设备中，功率循环流动于试验齿轮副和陪试齿轮副之间，形成循环功率流，因此系统只需输入较小能量即可保持运转。陪试齿轮副中的从动轮传递的功率为系统中最小值，而试验齿轮副中的主动轮传递的功率为最大值，试验齿轮副齿宽较小，应力较大，因此通常最先失效。一旦失效，试验齿轮副中的载荷状态将改变，因此确定首先失效的齿轮并收集其寿命数据至关重要。齿轮的主、从动关系由加载方向和电机旋转方向决定，主动轮受力方向与旋转方向相反，而各齿轮的受力方向或工作齿面仅受加载方向影响。

5.3.3　轮齿失效的监测与判据

电机转速为 2 000 r/min，转数记录装置误差低于 0.1%。在试验过程中，几乎所有的断齿都发生在主动齿轮上，因此在试验中使用了两个加速度计（图 5.4），将其水平和竖直地放置在主测试齿轮对应的轴承附近，以监测不同方向的加速度变化。振动监测系统中的时域和频域阈值经过综合调节，根据试样的预设失效状态进行设置。当齿根裂纹扩展到一定尺寸时，监测到的振动和冲击

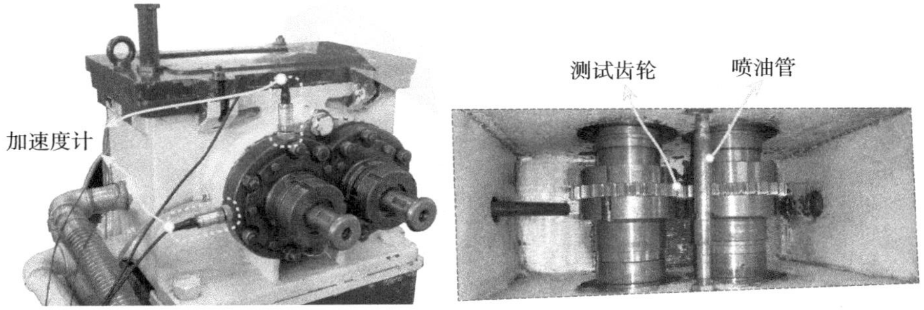

（a）加速度计的位置　　（b）箱体内部俯视图

图 5.4　试验齿轮箱

将明显增大。一旦振动幅值超过预先设定的报警值，电机将自动停止，实现试验机的自主停机功能。试验齿轮箱内部的俯视图如图 5.4(b)所示，测试齿轮副采用全齿宽接触的装配形式，通过喷油方式对齿轮进行润滑与冷却，水循环系统可将回油温度控制在 60 ℃以下。

5.3.4　试验实施

将危险齿根应力作为应力等级的评定指标，针对直齿轮采用成组法分别在 3 个应力等级下进行齿根弯曲疲劳性能测试(图 5.5)。将扭矩载荷施加在齿轮试样上，以实现不同的应力水平要求。选取的应力等级分别为 618 MP、586 MPa 和 554 MPa。在 618 MP 等级下的测试点数量为 23，在 586 MPa 等级下的测试点数量为 37，随着应力等级的降低，试验数据的分散性明显增加，所以在最低应力等级(554 MPa)下选取的测试点数量更多，测试点数量为 59。斜齿轮所选择的应力水平以及每个应力水平的测试点数分别为 649 MPa(17 个点)、618 MPa(22 个点)、586 MPa(29 个点)和 555 MPa(38 个点)。通过图 5.5(a)可观察到，每条齿根裂纹的最终形态与尺寸基本相似。齿轮断口的形态如图 5.5(b)所示，清晰展现了疲劳裂纹扩展区和瞬断区的宏观形貌特征。图 5.6 展示了斜齿轮的弯曲试验，其中齿轮断口的形态如图 5.6(c)所示。

试验得到的齿轮寿命数据将用于系统的可靠性计算模型当中，相应的数据处理方式及结果见 9.4 节内容。

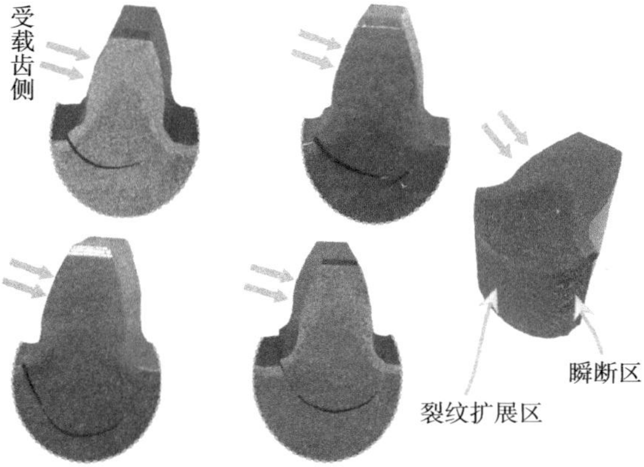

（a）齿根裂纹

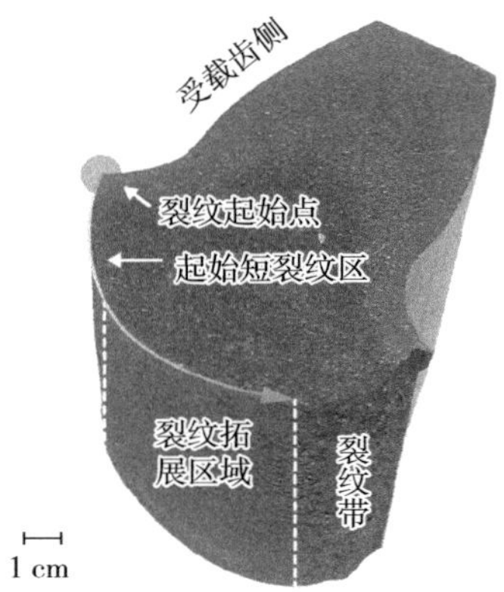

（b）轮齿断口

图 5.5　直齿轮试样

（a）试验平台

（b）齿轮样品

（c）断口形貌

图 5.6　斜齿轮弯曲疲劳试验

5.4　本章小结

使用功率流封闭式齿轮旋转试验设备完成了轮齿级强度模拟试验，为相应的行星齿轮传动系统可靠性模型提供了齿轮强度信息。具体结论如下：

① 功率流封闭式齿轮旋转试验机在齿轮系统可靠性评估与预测任务中展现出更好的效果，能够提供更加可靠的测试结果。

② 为了使试样的轮齿根部的力学性能与实际齿轮相接近，严格保证了试样的轮齿几何参数与实际齿轮的轮齿参数一致，同时尽可能使试样的材料选用、生产工艺和精加工标准与实际齿轮的相同，对这种近似程度的有效保证将有助于提高行星系统可靠性指标的评估精度。

③ 在试验过程中，利用振动监测仪器实现了断齿自动停机功能，确保了预设失效状态。采用成组法分别进行了直齿轮和斜齿轮的弯曲疲劳试验，并获得了相应的齿轮寿命数据，为后续直升机和风电设备中行星齿轮系统的可靠性预测模型提供了有效的轮齿强度信息。

第 6 章　基于 Kriging 模型的齿轮强度与振动可靠性分析方法

本章基于 Kriging 模型和 Monte Carlo 方法等主动学习可靠度计算方法，通过调用第 3 章参数化命令流得到齿轮接触强度功能函数响应值，计算齿轮接触强度的可靠度，为行星齿轮传动系统的可靠性设计与优化提供了有力支撑。

6.1　Kriging 模型

目前，在许多常见工程问题中，经常会遇到一些功能函数是隐式函数的情况。为了解决这些难题，机械可靠性计算采用数值仿真结合代理模型的方法。代理模型的引入不仅可以降低计算量、处理隐式函数带来的挑战，还能提高计算效率，从而使工程问题的解决变得更加精确可靠。Kriging 模型作为一种新的代理模型，结合多项式和变差函数，成功规避了单纯依赖多项式模型可能带来的结构可靠度计算精度降低的困扰。近年来，该模型在工程领域的应用日益广泛，展现出了巨大的潜力和价值。

Kriging 模型作为一种半参数化的插值模型，特别适用于工程中强非线性和隐式函数的问题。

Kriging 模型采用 Gaussian 随机过程模型，即假设系统的真实响应值 $g(x)$ 与输入变量 x 之间的关系为：

$$g(x)=\sum_{i=1}^{p}\beta_i f_i(x)+z(x)=f^{\mathrm{T}}(x)\beta+z(x) \tag{6-1}$$

式中　$f^{\mathrm{T}}(x)\beta$—— 回归模型；

β—— 回归系数；

$f(x)$—— 变量 x 的多项式函数；

$z(x)$—— 随机过程函数，其均值是零，方差是 σ^2。

协方差矩阵表示为：

$$\mathrm{COV}[z(x_i),z(x_j)]=\sigma^2 R(\theta,x_i,x_j) \tag{6-2}$$

式中　$R(\theta,x_i,x_j)$——带有参数 θ 的 Gaussian 相关函数。

$R(\theta,x_i,x_j)$ 表达式如下：

$$R(\theta,x_i,x_j)=\exp\left(-\sum_{k=1}^{n_s}\theta_k\left|x_k^i-x_k^j\right|^2\right) \tag{6-3}$$

式中　n_s—— 随机变量的个数；

x_k^i、x_k^j—— 样本点 x_i 与 x_j 的 k^{th} 的分量；

θ_k ——相关性参数，由相关函数的极大似然估计确定，即：

$$\theta=\min_{\theta}[(\det R)^{1/m}\hat{\sigma}^2] \tag{6-4}$$

考虑 Kriging 线性预测，在未知点 x 的预测值可以表示为：

$$\hat{\boldsymbol{g}}(x)=\boldsymbol{\lambda}^{\mathrm{T}}(x)\boldsymbol{Y} \tag{6-5}$$

式中　$\boldsymbol{\lambda}(x)=[\boldsymbol{\lambda}_1(x),\boldsymbol{\lambda}_2(x),\cdots,\boldsymbol{\lambda}_m(x)]^{\mathrm{T}}$—— 待求权系数向量；

$\boldsymbol{Y}=[\boldsymbol{g}(x_2),\boldsymbol{g}(x_2),\cdots,\boldsymbol{g}(x_m)]^{\mathrm{T}}$—— 训练样本集合 $S=\{x_1,x_2,\cdots,x_m\}$ 的响应值；

m ——向量的维数。

通过 Kriging 模型，得到待测点 x 的预测响应值和方差分别为：

$$\hat{\boldsymbol{g}}(\mathrm{x})=\boldsymbol{f}^{\mathrm{T}}(x)\hat{\boldsymbol{\beta}}+\boldsymbol{r}^{\mathrm{T}}(x)\boldsymbol{R}^{-1}(\boldsymbol{Y}-\boldsymbol{f}\hat{\boldsymbol{\beta}}) \tag{6-6}$$

$$\hat{\sigma}_{\hat{g}}^2(x)=\hat{\sigma}^2\langle 1-\boldsymbol{r}^{\mathrm{T}}(x)\boldsymbol{R}^{-1}r(x)+\boldsymbol{u}^{\mathrm{T}}(x)[\boldsymbol{f}^{\mathrm{T}}(x)\boldsymbol{R}^{-1}\boldsymbol{f}(x)]^{-1}\boldsymbol{u}(x)\rangle \tag{6-7}$$

式中　$\hat{\boldsymbol{\beta}}$—— 最小二乘法得到的多项式参数向量，且有 $\hat{\boldsymbol{\beta}}=(\boldsymbol{f}^{\mathrm{T}}\boldsymbol{R}^{-1}\boldsymbol{f})^{\mathrm{T}}\boldsymbol{f}^{\mathrm{T}}\boldsymbol{R}^{-1}y$；

$\boldsymbol{R}$—— 相关矩阵，且有 $\boldsymbol{R}=[\boldsymbol{R}_{ij}]_{m\times m}$，$\boldsymbol{R}_{ij}=R(\theta,x_i,x_j)$；

$\boldsymbol{r}(x)=[R(x,x_1),R(x,x_2),\cdots,R(x,x_m)]^{\mathrm{T}}$；

$\boldsymbol{f}$—— 由回归多项式函数值组成的回归矩阵，且有 $\boldsymbol{f}=[f(x_1),f(x_2),\cdots,f(x_m)]^{\mathrm{T}}$；

$\hat{\sigma}^2=(y-\boldsymbol{f}\hat{\boldsymbol{\beta}})^{\mathrm{T}}\boldsymbol{R}^{-1}(y-\boldsymbol{f}\hat{\boldsymbol{\beta}})/n$；

$\boldsymbol{u}(x)=\boldsymbol{f}^{\mathrm{T}}(x)\boldsymbol{R}^{-1}\boldsymbol{r}(x)-1$。

6.2 主动学习可靠性算法

6.2.1 拉丁超立方抽样

Kriging 模型利用邻近样本点信息预测未知点，需要足够的样本点和函数值。选择适当的采样空间范围很重要，过大或过小都会影响模拟精度。样本点的选取常采用拉丁超立方采样方法，该方法生成的样本点分布均衡，能够精确体现实际功能函数的变化趋势，非常适合构建 Kriging 模型。

1979 年，Mckay 提出的拉丁超立方采样方法通过控制抽样点的位置，能够避免重叠问题，并且可以全面分层抽样点覆盖设计空间，从而提高采样的效率和准确性，避免样本点重复出现在局部区域的问题。其原理是基于随机数学理论，核心思想是在采样空间内将随机变量的取值范围等概率或等距离地划分为多个子区间，并在每个子区间内独立地随机抽取一个样本点。这样，对于每个随机变量，都能得到一组对应的样本点，然后将这些样本点随机组合配对，形成最终的样本集。

设有 n 个随机变量 $X_1, X_2, \cdots, X_n$，每个变量 X_k 被分为 M 个区间，每个区间为 $1/M$。假设 U 是服从[0,1]均匀分布的，抽取一个样本 u，在每个区间抽取 X_k，则第 m 个样本为：

$$x_{km}=F_{x_i}^{-1}\left(\frac{m-1}{M}+\frac{u}{M}\right) \tag{6-8}$$

式中 $F_{x_i}(x_i)$——随机变量 x_i 的概率分布函数。

拉丁超立方抽样是一种填满均匀整个试验区间并避免抽样点重复的有效方法，能通过少量样本点对设计空间进行全面概括。因其高效且均衡性能优越，该方法在计算机模拟仿真、可靠性设计与优化等领域备受瞩目。

6.2.2 约束边界抽样

可靠性优化设计通常受限于昂贵的计算成本，因此寻求有效的解决方法至关重要。代理模型被认为是解决这一问题的有效手段之一，特别是在约束边界附近。在这些区域内，优化效果和效率直接受到代理模型拟合精度的影响。因此，为了提高优化效率并有效降低计算成本，只需提升约束边界附近代理模型的拟合精度，而无需计算约束边界外的样本点。基于 Kriging 模型针对约束边界区域构建高精度代理模型的方法被称为约束边界抽样法(CBS)。

当有足够多的样本信息时，可以将 Kriging 模型所预测的 $G(x)$ 看作近似正态分布的函数，其中均值为 $\hat{G}(x)$，标准差为$\sqrt{\mathrm{MSE}}$(MSE 为方差)。

在可靠性优化中的约束条件 $G(x)$，当 $G(x)<0$ 为失效，$G(x)\geqslant 0$ 的概率表示为：

$$F=1-\Phi\left[\frac{0-\hat{G}(x)}{\sqrt{\mathrm{MSE}}}\right]=\Phi\left[\frac{\hat{G}(x)}{\sqrt{\mathrm{MSE}}}\right] \tag{6-9}$$

式中　$\Phi(\cdot)$——标准正态累积分布函数；

$\Phi[\hat{G}(x)/\sqrt{\mathrm{MSE}}]$——概率密度函数，表示预测值 $\hat{G}(x)$ 和约束边界极限状态 $G(x)=0$ 的接近程度。$\Phi(\hat{G}(x)/\sqrt{\mathrm{MSE}})$ 越大，点 x 越靠近 $G(x)=0$。

因此，约束边界的抽样准则为：

$$\mathrm{CBS}=\begin{cases}\sum_{i=1}^{N}\varphi\left(\dfrac{\hat{G}(x)}{\sqrt{\mathrm{MSE}}}\right)\cdot D & \hat{G}(x)\geqslant 0\\ 0 & \text{其他}\end{cases} \tag{6-10}$$

式中　N——约束的个数；

D——优化算法中的最优点与已知样本点之间的最小距离。

D 有助于避免样本点过于密集，从而防止 Kriging 模型在拟合过程中出现病态情况，定义 D 为：

$$D=\frac{\min\|x-x^i\|}{\max\|x^i-x^j\|}\qquad i,j=1,2,\cdots,m \tag{6-11}$$

式中　m——已知采样点的数量；

x——当前采样点。

可靠性优化设计旨在寻找满足所有约束条件的最优解，其中起关键作用的约束条件决定了最优解的位置通常位于这些约束的边界附近。因此，采用约束边界取样的方法，能够更精确地处理最优解附近的约束边界，进而提升计算的准确性。

6.2.3　学习函数和停止准则

在评估失效概率时，Monte Carlo 方法的有效性取决于功能函数预测值的符号。另外，Kriging 模型在生成样本点时需要准确分类，否则可能导致在判断安全或失效区域时出现错误。特别是当 Kriging 模型预测值接近 0 时，样本点容易被错误分类。同时，Kriging 模型不仅能预测样本点的响应值，还能提供方差信息以评估预测值的准确性。因此，在使用 Kriging 模型评估失效概率时，需要综合考虑样本点的预测值接近 0 的情况，并结合方差评价预测的准确性，以避免对失效状态的判断出现错误。

易错分样本点会显著影响可靠度评估精度。若将这些样本点纳入训练样本，用于建立 Kriging 预测模型，可显著提升预测效果。通过试验设计获取初始训练样本，构建精准的 Kriging 模型，首先需要获取样本点的响应值。在此基础上，通过引入易错分的样本点，对模型进行持续优化，以提升其预测性能。为了实现选点的自动化并筛选出最适宜的训练样本，进一步定义了一个学习函数 $U(x)$，以指导模型的选点过程，确保所选样本点能够最大限度地提升模型的预测能力。

则学习函数 $U(x)$ 为：

$$U(x)=\frac{|\hat{g}(x)|}{\hat{\sigma}_{\hat{g}}(x)} \tag{6-12}$$

式中　$\hat{g}(x)$、$\hat{\sigma}_{\hat{g}}(x)$ ——Kriging 模型的预测值与标准差。

Kriging 模型除了提供预测值外，还提供方差和学习函数值。选择训练样本点时，常选取值最小的点。但这类点易在分类时出错，可能是预测值绝对值小、标准差大或两者并存所致。尽管如此，将取值最小的点作为训练样本点仍是一个合理的选择。

为进行后续分析，需设定学习终止条件。虽然学习函数 $U(x)$ 停止条件与佟操等[115]所提的等效停止条件相比，在精度差别不大的情况下计算量较大，但根据本书对齿轮系统的研究，选择较为保守的学习函数停止准则，更符合实际，即有：

$$\min_{x\in A}[U(x)]\geqslant 2 \tag{6-13}$$

式中　A ——待分类的样本点集。

式(6-13)可以表示所有样本点符号的正确率达到 0.997，能够使建立的 Kriging 模型具有很好的精度。

6.2.4　基本流程

Monte Carlo 方法被认为是一种效率高、准确度高的评估失效概率的方法。该方法仅需确定样本点的函数响应值分布范围，再对故障区域中的样本点数进行统计，即可直接求出故障概率。为了获得更高的精度，必须从大量的样本点中进行计算，导致其运算速度很慢。

本书介绍了一种名为AK－MCS的可靠性算法，该算法有效融合了Kriging模型和Monte Carlo方法。通过自动识别并扩充最佳训练样本集，算法能够逐步调整模型参数，从而构建出高精度的Kriging预测模型。该模型通过应用Monte Carlo方法生成的随机样本点，确保了功能函数预测值的精确度，同时显著提升了计算效率。特别是在处理隐式功能函数和强非线性模型的可靠性分析问题时，该模型展现出了明显的优势，为相关领域的研究与应用提供了有力支持。关于AK－MCS方法的具体操作步骤，如图6.1所示。

具体步骤如下：

步骤一，在设计空间中根据基本随机变量的联合概率密度函数生成候选样本，仅用于主动学习函数的选择，并计算被选择样本点的响应值。

步骤二，对随机变量的设计空间进行拉丁超立方抽样，将抽取的样本点作为初始试验设计样本点（DOE），并计算其响应值。初始样本点通常会选取较少的数量，通过后期的学习函数不断增加。

步骤三，根据上一步得到的样本点和响应值，构建Kriging预测模型。通过此模型，得出所有候选样本点的预测值及方差，并根据式（6－12）计算其学习函数值，为后续的模型优化提供了数据支持。在优化算法中，运用了约束边界抽样方法，并依据式（6－10）确定这些样本点对应的CBS值。

步骤四，对学习函数值和CBS值从高到低的顺序对样本点进行排序，选择最大值所对应样本点作为最优候选点进行试验设计。

步骤五，若学习函数的最小值满足停止准则，则学习结束；否则，更新试验设计样本点，将学习函数最小值所对应的候选样本点添加进去，转到步骤三。

步骤六，主动学习结束后，根据更新后的试验设计样本点及其响应值建立Kriging模型，并用Monte Carlo方法来计算失效概率 $\hat{P}_{\mathrm{f}}$ 和变异系数 $\delta_{\hat{P}_{\mathrm{f}}}$。

$$\delta_{\hat{P}_{\mathrm{f}}}=\sqrt{\frac{1-\hat{P}_{\mathrm{f}}}{\hat{P}_{\mathrm{f}} n_{\mathrm{MC}}}} \tag{6-14}$$

步骤七，如果变异系数小于给定值，即 $\delta_{\hat{P}_{\mathrm{f}}} \leqslant [\delta]$，则停止计算，并输出结果，其中，一般选择 $[\delta]=0.05$；否则，增加候选样本总体 S 的样本数量，以此来降低失效概率估计值的变异系数，转到步骤三。

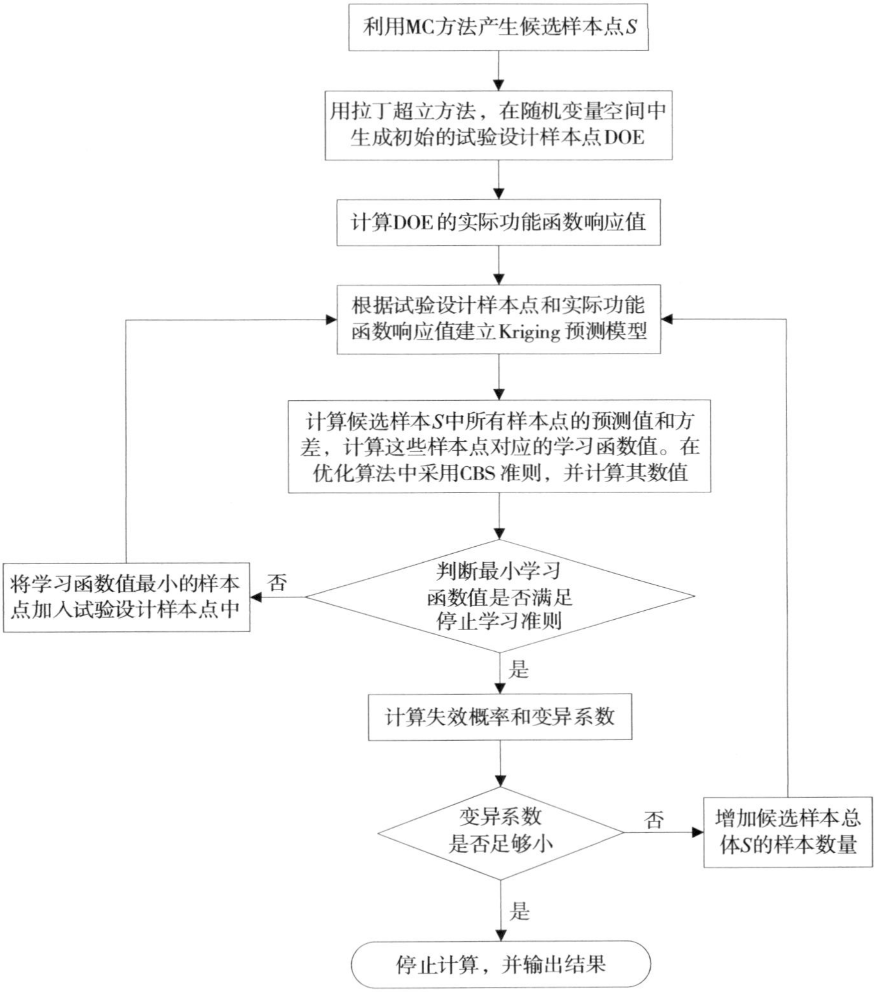

图 6.1 AK-MCS 算法流程图

6.3 基于 Kriging 模型的齿轮接触强度可靠性分析

6.3.1 齿轮接触强度功能函数计算

根据 3.2 节齿轮建模过程，选取齿轮的模数、齿宽、转矩、弹性模量为随机变量，各随机变量满足正态分布的要求，如表 6.1 所示。

表 6.1　变量分布信息

变量	分布	均值	标准差
模数/mm	正态分布	3	0.3
齿宽/mm	正态分布	50	5
转矩/(N/mm)	正态分布	108 000	10 800
弹性模量/MPa	正态分布	211 000	21 100

根据 6.1 节的相关知识，假设齿轮接触应力最大值的响应用 Kriging 模型表示为：

$$\sigma(x)=g_{\sigma}^{\mathrm{T}}(x)\beta_{\sigma}+z(x) \tag{6-15}$$

基于应力强度干涉模型，齿面接触应力若超出许用接触强度，会导致齿面材料损坏，进而使齿轮发生点蚀失效。齿轮接触强度的功能函数可表示为：

$$g(x)=\sigma_{\mathrm{HS}}-\sigma(x)=g^{\mathrm{T}}(x)\beta+z(x) \tag{6-16}$$

式中　σ_{HS}——齿轮材料的许用接触强度。

根据所研究齿轮的材料特性、实际工况以及其他参数，σ_{HS} 取值为 1 650 MPa，变异系数取值为 0.05。

6.3.2　齿轮接触强度可靠度计算

依据 6.2 节所述的 AK－MCS 算法步骤，通过 MATLAB 编程实现了整个计算过程。首先，借助 ANSYS 对抽取的 30 个候选样本进行仿真，从而获得最大接触应力的响应值。随后，根据候选样本点及其响应值，构建初始的 Kriging 模型。并在学习过程中，通过学习函数识别出误差最大的点，将其纳入样本空间进行仿真，获取新的响应数据。通过最新的样本数据，对 Kriging 模型进行更新，经过 245 次 ANSYS 的调用，达到停止准则。

以 Monte Carlo 方法 10 000 次计算的结果为基准，运用 Kriging 模型和本节采用的 AK－MCS+U 算法分别计算齿轮接触强度的可靠度。相关计算结果整理至表 6.2 中。

表 6.2　不同方法可靠性计算结果的比较

方法	N_{call}	$\hat{P}_{\mathrm{s}}$	$\hat{P}_{\mathrm{f}}$	ε
Monte Carlo	1×10^{4}	0.996 9	0.003 1	—
Kriging	400	0.996 7	0.003 3	0.064 5
AK－MCS+U	275(30+245)	0.997 4	0.002 6	0.161 3

观察表 6.2 可知，本书所采用的方法在 ANSYS 调用次数方面表现卓越，减少了计算时间。同时，该方法还保持了相当高的计算精度，可以与 Monte Carlo 方法所得结果相媲美。齿轮接触强度的失效概率折线图，如图 6.2 所示。

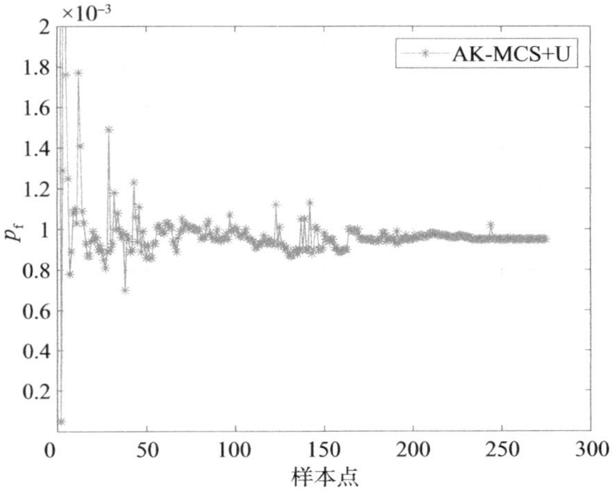

图 6.2　齿轮接触强度失效概率

6.4　本章小结

本章深入剖析了 Kriging 模型的基础理论与抽样原理，探讨了学习函数及停止学习标准的设定方法，并详细阐述了 AK－MCS 算法的实施流程。随后，通过两个数值案例的实证分析，验证了 AK－MCS 算法的有效性与准确性。该算法在齿轮传动系统的实际工程案例中得到了成功应用，对齿轮传动系统的可靠度进行了计算与分析，为齿轮系统的可靠性设计与优化提供了有力的支持。通过本章的研究，该算法不仅适用于齿轮传动系统，同样可广泛应用于其他工程领域的可靠性分析，尤其对于具有非线性或隐式的功能函数的问题，能够大幅减少结构分析的频次，从而有效提升可靠性分析的计算效率。

第 7 章 风电行星齿轮传动系统载荷分析与可靠度计算方法

7.1 引言

风电作为战略性核心技术产业，在保障国家能源储备方面发挥着重要作用。而风电齿轮的设计寿命与其实际使用寿命的不匹配，已经成为一些大型风电齿轮箱产品涨价的主要原因之一[14]。这一问题的根本原因可以追溯到大型风力发电机齿轮箱的设计和制造技术。传统的设计方法依赖于工程师的经验和试错，然而，随着风电机组规模的扩大以及工作环境的复杂性增加，这种方法已经显得力不从心。大型风电齿轮箱作为风力发电机组的核心组件，其可靠性直接影响到整个风电场的运行效率和经济性。因此，如何有效地设计和制造大型风电齿轮箱成为当前风电行业亟须解决的重要问题。

本章在第 4 章"行星齿轮系统多刚柔体动力学仿真建模"的基础上，利用层级有限元技术计算了风电大型齿轮系统在弹性行为耦合机制下的疲劳载荷历程。深入探讨了风电齿轮系统在功能实现中的固有特点。根据第 5 章中建立的行星齿轮传动系统疲劳可靠性评估模型，构建了风电齿轮箱整体结构要素到齿轮系统可靠性指标的映射路径。该分析方法具有显著的仿真和试验成本优势，可以为大型风电齿轮系统的开发设计提供结构优化指导，并显著降低此类大型高端设备设计迭代中实现可靠性指标的成本。

7.2 层级有限元分析结果

基于层级有限元技术(通过轮齿 3D 精细化有限元子模型直接求解齿根应力)，将齿轮和轴承的实体模型以及行星架和箱体的有限元模型导入到 Rotation Master(RM)软件平台中，将导入的实体模型和有限元模型在统一的全球坐标系中定位组装，建立两类模型之间的节点连接关系。综合调整搜索标准和选择方式等控制参数，利用 RM 容差搜索技术筛选有限元模型与实体模型之间的连接节点组。

在行星齿轮系统的弹性力学分析中，许多刚体类型的自由度只受接触条件的约束，因此如果采用带间隙单元的非线性有限元代码，可能会出现增量刚度矩阵的奇异性。这将阻碍大多数商业有限元代码的有效运行。添加虚拟线性弹簧和虚拟扭转弹簧可以使系统刚度矩阵非奇异，但相应的计算结果可能不准确。本章分析采用的具体方法是给每个单独的有限元构件附加一个局部参考坐标系，并在各自的参考坐标系内进行有限元计算。只要参考坐标系对其内部有限元网格有足够的约束，相应的刚度矩阵就会表现良好。改进的基于单纯形的求解器可以考虑系统中大部分的自由机构，同时以一种非常高效的计算方式获得全局齿轮载荷。

7.2.1 系统全局弹性行为分析

对系统中的有限元模型进行聚缩以提取相应的质量和刚度矩阵，计算过程在 RM 软件平台中进行。通过缩聚节点间的载荷传递行为测试各刚度矩阵的性能。最后，将载荷边界条件应用于系统模型，并对其进行准静态弹性力学行为全局运算。目的是获得各弹性构件在额定工况下的节点位移响应，为齿根应力分析的次子模型提供位移边界条件。系统中四个关键有限元构件的弹性变形行为计算结果如图 7.1 所示。其中，行星架在两个阶段的节点合位移相对较

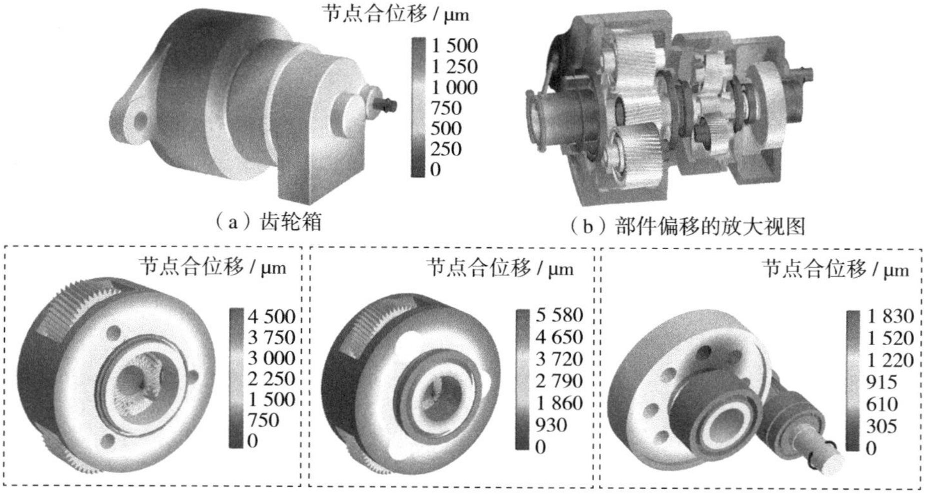

(a) 齿轮箱　(b) 部件偏移的放大视图

(c) 第一级行星架　(d) 第二级行星架　(e) 第三级行星架

图 7.1　节点合位移结果

大，这将导致行星轴在工作状态下的实时位置误差，从而严重影响齿根应力的解析计算结果。此外，通过该系统模型可以得到以下结果：

① 系统变形的时变特性。

② 多功率传递路径下载荷不均匀的影响。

③ 多齿轮副啮合的相位关系。

④ 异形轴（如行星架）的刚度随旋转角度的变化。

7.2.2　齿面时变载荷线计算

在系统层面进行齿面微观几何分析，这将使用整个系统模型的边界条件。基于系统弹性变形计算结果，考虑齿面微观几何信息，计算齿面时变载荷线，为齿根应力计算的二次子模型提供载荷边界条件。利用 Rotation Master（RM）软件中的微观几何分析模块，能够对齿面进行非常精确的数学定义，包括渐开线形状与齿面修形等微观几何参数，通过对齿面的几何形状与啮合方向的准确评估，可以自动建立齿面非线性接触模型。

以第二级行星轮系中的太阳齿轮为分析对象，图 7.2 展示了齿面载荷线的具体计算过程和结果。首先对该太阳轮的齿面修形的几何信息进行数字化表达，可视化建模结果如图 7.2(b)所示，它将作为系统级齿面微观几何分析的输入条件之一，该修形量等高线图描述了太阳轮工作齿面上的修形状态，具体涵盖了齿向与齿廓两个方向上的斜度、鼓形量、齿顶修缘等微观修形数据。在时变啮合行为下捕捉到的最大齿面载荷分布结果如图 7.2(c)与图 7.2(d)所示，从结果中可以看出齿面修形状态较好地抵消了大部分系统弹性变形的影响，使齿面载荷沿齿宽方向均匀分布，轮齿边缘并未发生应力集中的现象。通过齿面微观几何分析得到的太阳轮齿面时变载荷线结果如图 7.2(e)所示，该结果同时

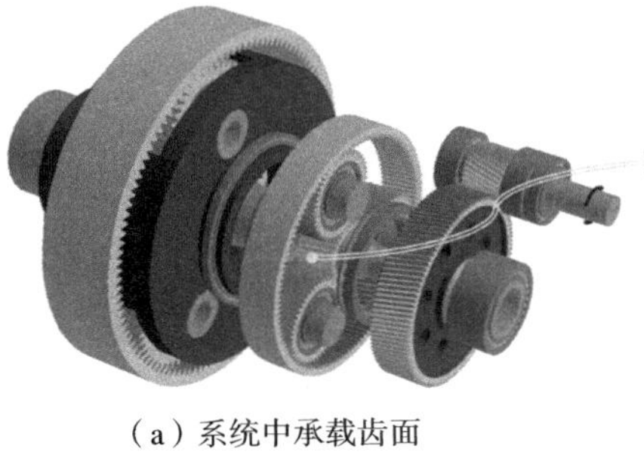

（a）系统中承载齿面

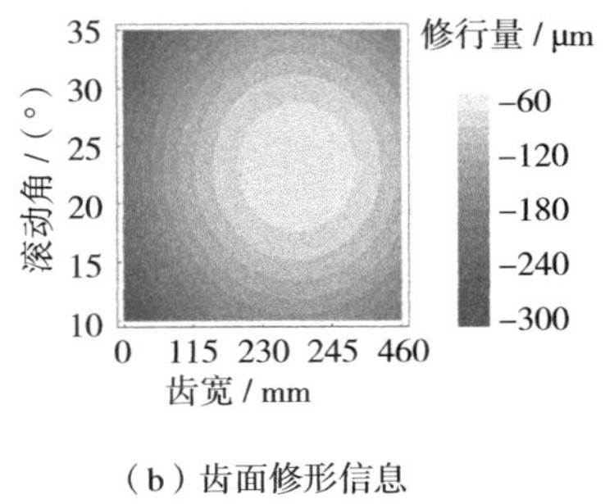

（b）齿面修形信息

图 7.2　第二级太阳齿轮齿面载荷分析

（c）齿面最大载荷状态

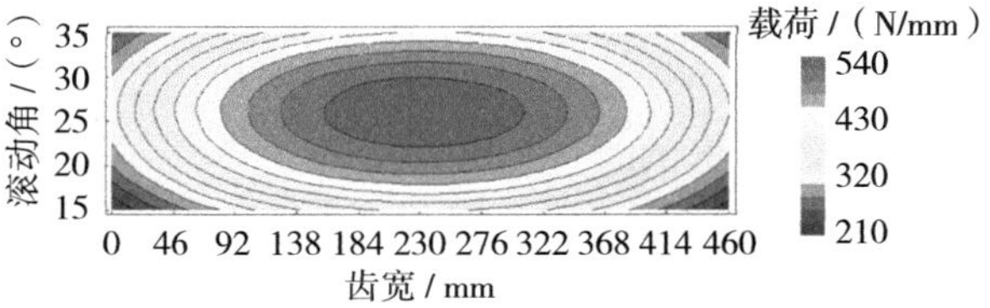

（d）齿面载荷分布等高线

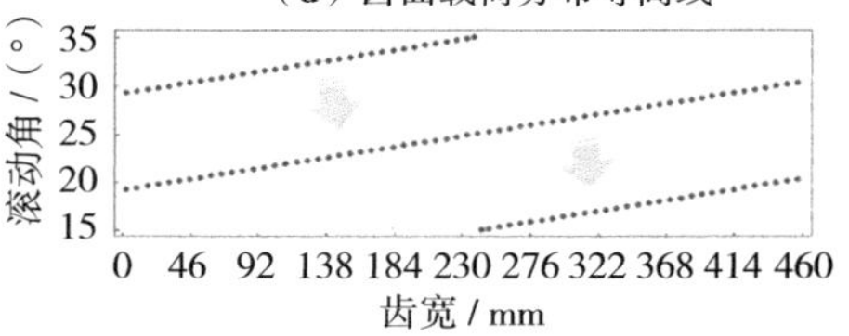

（e）齿面随时间变化的载荷线

图 7.2 （续）

考虑了系统的弹性变形与啮合错位等因素的影响，记录了齿面上啮合线的运动轨迹以及每个载荷步下载荷点的具体量值和坐标，这些数据将作为太阳轮齿根应力计算的次级子模型的载荷边界条件。

7.2.3 次级子模型构建与齿根应力分析

（1）子模型构建与齿根应力分析

在系统级模型中，通过准静态弹性力学分析与齿面微观几何分析得到了齿面上的时变载荷线[图 7.2(e)]，将其作为载荷边界条件加载到次级子模型的齿面上。同时，可以提取系统的弹性变形结果，包括行星架、齿轮箱等大型构件的变形行为(图 7.1)，作为位移边界条件加载到子模型中。这样在子模型的齿根应力分析结果中就包含了整个系统的弹性变形、啮合错位以及齿面微观几何等因素的影响。当这些主要因素在系统模型中被充分加载时，子模型的功能结构便能得到可观的简化，但系统模型仅包含若干轮齿及相应的轮缘特征，整体构型如图 7.3 所示，因此，其建模与计算成本将会更多地集中在齿根的几何细节上，从而在模型质量方面，子模型要比系统模型的齿根几何要素更加全面。

基于通用有限元法建立高保真度的齿根应力分析次级子模型，将系统级模型中已参数化定义的详细齿轮实体模型作为三维有限元子模型的辅助建模元素。为了进一步缓解计算精度与运算速度之间的矛盾，在有限元子模型中采用一阶六面体单元。当网格较粗糙时，由于一阶单元的剪切自锁或沙漏效应，齿顶可能在外观上出现“锯齿状”，但这并不影响牙根应力的分析结果。RM 软件平台可以推荐一个经济的自适应网格密度，该网格密度可以准确捕获齿根处陡峭的应力梯度，并足以使子模型的计算过程在有效的预定迭代次数内收敛。在系统级分析中，齿面上的啮合力通过缩聚节点和有限元节点施加，而在次级子模型中，啮合力则是通过系统级分析得到齿面上的时变载荷线施加。

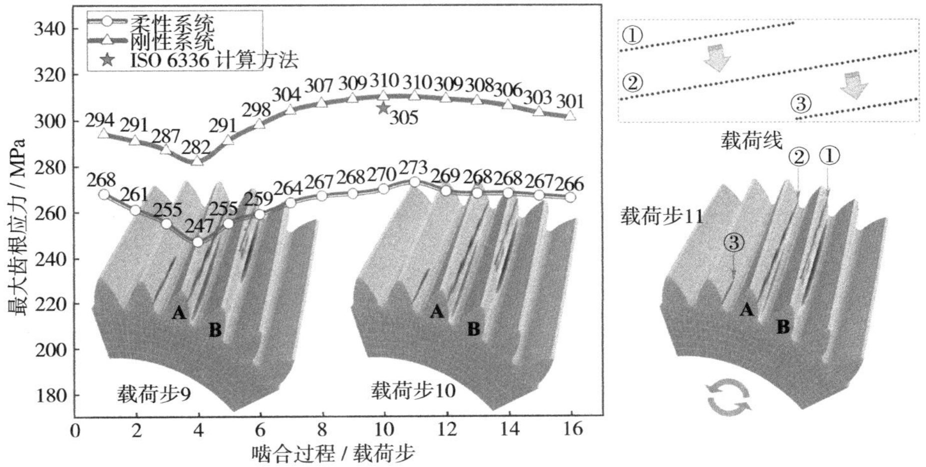

图 7.3　有限元子模型齿根应力分析结果

(2) 齿根应力分析

首先，运行第二级太阳齿轮子模型的齿根应力分析程序，根据第一强度理论计算齿根最大主应力值，将系统变形和齿面载荷线的计算结果作为输入条件应用于子模型，随后，按设定的旋转步长求解模型。根据系统中齿轮副的重合程度，将一个齿的啮入和啮出过程划分为 16 个步长，轮齿每转动一步，子模型将执行一次有限元求解子。虽然这会使刚度分解和载荷矢量逆代换过程相对复杂(涉及子结构层的多次递归遍历)，但通过适当增加程序复杂度来显著降低计算成本是值得的。图 7.3 展示了第二级太阳轮子模型在 16 个步长下的齿根应力计算结果，未考虑系统弹性行为耦合机制的应力仿真计算结果，比考虑了该条件的仿真结果高出 12%～16%，说明忽略大型风电齿轮机构的柔性行为特征可能会直接导致相应的结构强度设计方案过于保守。利用 ISO 6336 中的解析计算模型(未考虑系统弹性行为)得到的最大齿根弯曲应力值也标示在图中，相应的计算模型如下：

$$\sigma_F = \frac{F_t}{b \cdot m} \cdot K_A \cdot K_V \cdot K_{F\beta} \cdot K_{F\alpha} \cdot Y_F \cdot Y_S \cdot Y_\beta \cdot Y_B \cdot Y_{DT} \quad (7-1)$$

系统在完全刚性假设条件下的两种计算结果具有较好的一致性。在系统弹性行为影响下，齿根应力曲线的波动幅度较大，是系统柔性的时变特性导致的。图 7.3 中同时展示了弹性行为耦合机制下，太阳轮轮齿在啮合过程中的齿根应力分布演化进程(9～11 步)，太阳轮在第二级传动中作为被动齿轮，其载荷线由 A 齿向 B 齿方向移动，B 齿受载侧齿根处的应力带随啮合进程逐渐伸长，并且在第 11 个转动步下齿根应力达到最大峰值状态，便是 B 齿发生弯曲疲劳断裂的一个最危险的应力状态。

7.3 载荷输入变量转换

基于多维有限元法将风电齿轮箱的输入功率峰值分布，转化为系统中各个齿轮的齿根应力峰值分布，为系统疲劳可靠性评估模型提供直接的载荷输入变量。考虑风载的不确定性，随机提取该类大型风电齿轮箱在一年服役时间内的输入功率历程，如图 7.4(a)所示，涵盖了一年四季中该地理位置的所有风载概率特征。进一步提取该载荷历程中的功率峰值作为载荷统计特征量并对其进行正态分布拟合，得到的功率峰值分布结果如图 7.4(b)所示。将功率峰值输入到多维有限元仿真模型中执行相应的齿根应力峰值计算流程，并以相同概率分位点重合为原则建立从功率分布到应力分布的数学映射，最终得到系统中各个齿轮的齿根应力峰值分布结果如图 7.4(d)所示(对应的分布参数如表 7.1 所

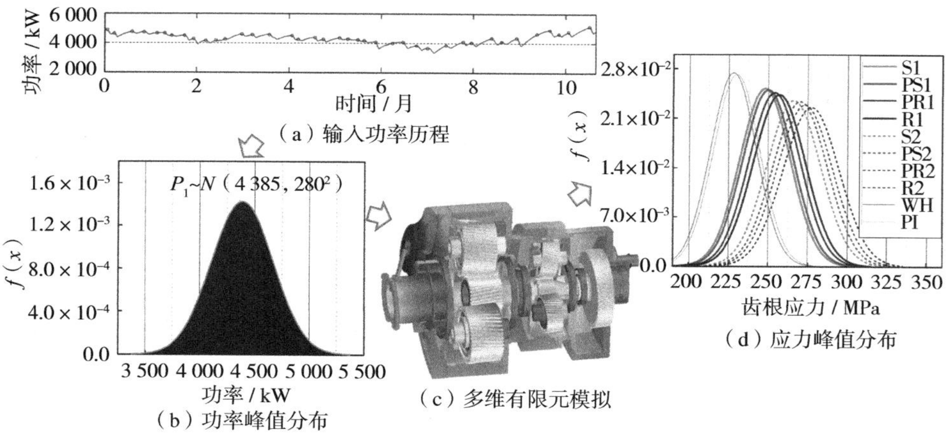

图 7.4　载荷输入变量转换

示),其中,PS1 表示第一级行星轮轮齿工作齿侧(与太阳轮啮合)的齿根应力,图中其他代号意义类同,S 表示太阳轮,P 表示行星轮,R 表示内齿圈。

表 7.1　齿根应力峰值分布参数

第一级	第二级	第三级
$\sigma_{S1}\sim N(248,15.83^2)$	$\sigma_{S2}\sim N(266,16.98^2)$	$\sigma_{WH}\sim N(228,14.55^2)$
$\sigma_{PS1}\sim N(250,15.96^2)$	$\sigma_{PS2}\sim N(270,17.09^2)$	$\sigma_{P1}\sim N(230,14.68^2)$
$\sigma_{PR1}\sim N(254,16.22^2)$	$\sigma_{PR2}\sim N(273,17.44^2)$	—
$\sigma_{R1}\sim N(257,16.41^2)$	$\sigma_{R2}\sim N(277,17.68^2)$	—

7.4　反映行星传动工作特性的系统可靠性建模

7.4.1　轮概率强度拟合

在实验数据的处理过程中,为了获得风电行星机构可靠性预测模型的直接强度输入变量,根据最小次序统计量方法进行数据处理,结果如图 9.5 所示。首先,使用两参数威布尔分布函数对各应力水平下齿轮寿命点的概率分布进行拟合。随后,进行齿轮和轮齿之间的概率寿命转换,如图 7.5(a)所示。最后,采

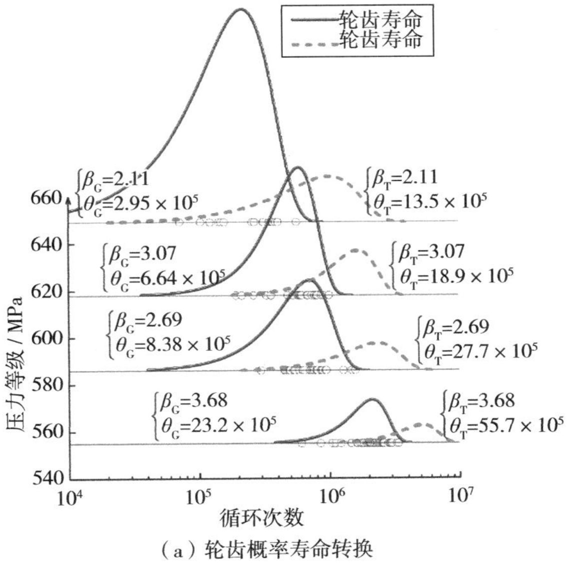

(a) 轮齿概率寿命转换

图 7.5　统计的试验数据

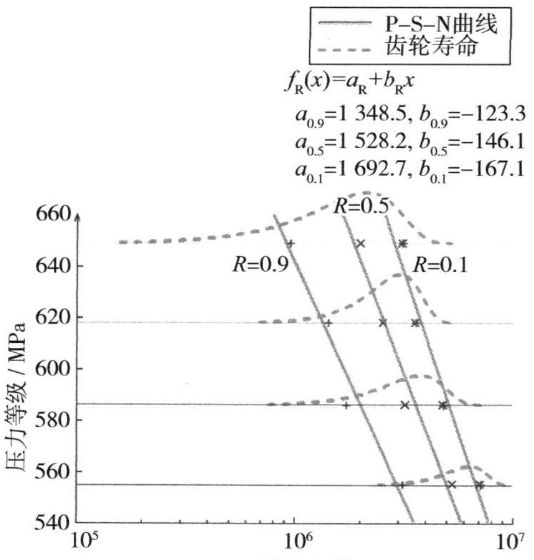

（b）轮齿P-S-N拟合曲线

图 7.5 （续）

用最小二乘法在单对数坐标系下，对各应力水平下的轮齿寿命分布进行相同概率分位数的线性拟合，得到的轮齿弯曲疲劳 P-S-N 曲线，如图 7.5(b)所示。在确定载荷下，随着应力水平的降低，疲劳寿命的分散度普遍增大，因此在线性坐标系下，P-S-N 曲线族呈现上开口小、下开口大的“伞形”形状。然而，由于单对数坐标系，曲线族呈现相应的倒置形状。

7.4.2 疲劳可靠度计算方法

风电齿轮系统中的每一个齿轮都是关键的失效单元，因为齿轮的轮齿断裂会对整个传输能力造成影响。齿轮轮齿承载的负载与系统功率之间存在显著关联，使得系统的可靠性不能简单地由各个组件的可靠性乘积来衡量。串联系统中各机组的失效是相互关联的，因为负载和风载的随机性导致了失效的相关性。

针对风电系统的可靠度计算，采用行星系统疲劳可靠性评估模型进行计算。建立的行星系统疲劳可靠性评估模型考虑了构件间的失效相关性。当在确定性载荷作用下时，系统中各零件的失效应该是相互独立的，因此串联系统的条件可靠度等于各零件条件可靠度的乘积。在考虑系统层面上的载荷不确定性影响时，每个零件的失效都可能受到载荷不确定性的影响，因此系统中 r 个零件都不失效的概率，即为串联系统的疲劳可靠性评估模型，具体的计算公式及其推导过程详见第 9 章内容。该模型假设负荷服从正态分布，通过正态分布与标准正态分布之间的数学关系转换，实现各部分负荷的归一化，从而考虑系统层面上负荷的不确定性影响。

此外，根据行星传动的运动学方程，能够推导出系统中各类齿轮在特定时间间隔内的啮合时序关系。相关的运动学方程及参数定义详见第 9 章内容。

通过将行星齿轮组的特定运动学参数代入串联系统的疲劳可靠性评估模型，可以计算出各类齿轮轮齿单元的条件疲劳可靠度计算因子，并最终构建出综合考虑失效相关性与啮合时序性的行星系统疲劳可靠性评估模型。具体的表达式及计算过程详见第 9 章内容。

假设此类大型风力发电机齿轮机构产品的制造和装配工艺已经很好地满足了产品设计的精度和质量要求。基于上述模型，对该类齿轮系统首次大修前的疲劳可靠性演化规律进行预测，结果如图 7.6 所示。传统模型的预测结果呈现出过快的下降趋势，并且下降速度会随着系统中机组数量的增加而增大，这是难以接受的。考虑失效相关性(FD)的曲线结果在总体形态上较为准确，能够区分偶然失效期和耗尽失效期产品疲劳可靠性的演化特征。然而，只有同时考虑失效相关性和啮合时序性(MS)的预测结果才能与相关历史信息(基于历史截尾数据的统计处理结果)达到极好的一致性。

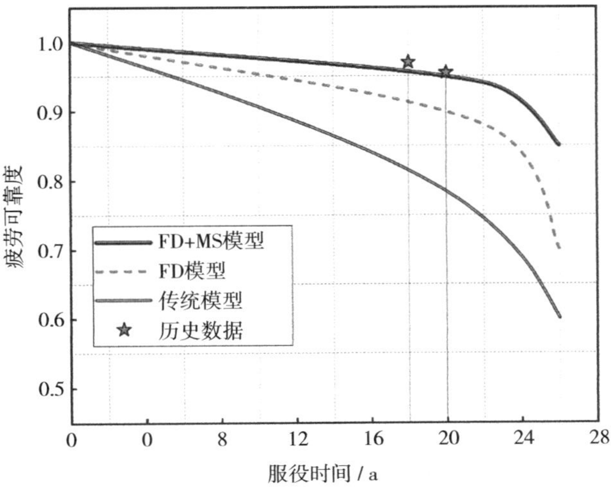

图 7.6　可靠性模型的预测结果

7.5 本章小结

本章以风电大型齿轮系统为研究对象，采用层级有限元技术分析了风电齿轮箱全局结构单元的弹性力学行为，计算了齿轮系统弹性行为耦合作用下齿轮齿的危险载荷历史。基于齿轮低周长疲劳试验和寿命分布转化，计算齿轮齿的概率疲劳强度，分别为可靠性评估模型提供经济有效的载荷和强度输入变量。具体结论如下：

① 面对大型风力发电齿轮系统的高级仿真分析任务，考虑到建模和边界条件设置的方便性，层级有限元法的计算效率也将大大高于一般有限元法。此外，不考虑系统弹性行为耦合机制的应力仿真结果比考虑此条件的仿真结果高12%～16%，说明如果忽略大型风力机齿轮机构的柔性行为特性，相应的结构强度设计方法可能过于保守。特别是新一代大型风力机产品向轻量化、柔性化方向的快速发展，将导致这种分析出现更为显著的误差。

② 将功率峰值输入到多维有限元仿真模型中执行相应的齿根应力峰值计算流程，并以相同概率分位点重合为原则建立从功率分布到应力分布的数学映射，最终得到系统中各个齿轮的齿根应力峰值分布。

③ 预测了某风力发电机齿轮系统首次大修前的疲劳可靠性演化规律。传统模型的预测结果呈现出过快的下降趋势，并且下降速度会随着系统中机组数量的增加而增大，这是难以接受的。考虑失效相关性的曲线结果在整体形态上较为准确，能够区分偶然失效期和耗尽失效期产品疲劳可靠性的演化特征。然而，只有同时考虑失效相关性和啮合时序性的预测结果才能与相关历史信息达到良好的一致性。

第三篇 齿轮传动可靠性优化设计理论与方法

第 8 章 基于可靠性约束的行星齿轮传动系统优化设计

本章在原有的基于区间不确定性的可靠性设计优化模型上加以改进，并利用第 3 章的参数化命令流和第 6 章的 AK－MCS 算法拟合优化模型的性能约束函数，对行星齿轮传动系统进行可靠性优化设计。

8.1 可靠性设计优化方法

8.1.1 可靠性优化模型

可靠性设计优化模型是在常规设计优化模型的基础上，引入可靠性要求后发展起来的一种不确定性设计优化模型。与常规设计优化模型相比，该模型可以显著提高设计可靠性，具有更强的工程应用价值。

可靠性设计优化的数学模型通常表示为：

$$\begin{aligned} &\min f(\boldsymbol{D},\boldsymbol{X}^{c}) \\ \text{s.t.}\quad &P_{s}\{g_{i}(\boldsymbol{D},\boldsymbol{X})\geqslant 0\}\geqslant R_{i},\quad i=1,2,\cdots,m \\ &\boldsymbol{D}_{V}=\{\boldsymbol{D}\}=\{d_{1},d_{2},\cdots,d_{n}\} \end{aligned} \tag{8-1}$$

式中 $\boldsymbol{D}$—— n 维设计变量向量，通常情况下，不考虑这部分的不确定性，将其视为确定性设计变量；

$\boldsymbol{X}$—— 不确定性变量向量；

$\boldsymbol{X}^{c}$——$\boldsymbol{X}$ 的均值；

$f(\boldsymbol{D},\boldsymbol{X}^c)$—— 目标函数；

$g_i(\boldsymbol{D},\boldsymbol{X}) \geqslant 0$—— 第 i 个约束条件；

$P_s\{g_i(\boldsymbol{D},\boldsymbol{X}) \geqslant 0\}$—— 第 i 个约束的可靠性度量；

R_i—— 设计要求的第 i 个约束可靠性度量值。

在区间不确定性下，上述模型中的约束可靠性需依据非概率可靠性模型的可靠性度量方式来量化。非概率可靠性可分别采用可靠性指标和非概率意义下的可靠度来度量可靠性。因此，根据这两类可靠性度量方式，可建立如下基于区间不确定性的 RBDO 数学模型。

$$\begin{aligned}&\min\ f(\boldsymbol{D},\boldsymbol{X}^c)\\ \text{s. t.}\quad &\eta_i\{g_i(\boldsymbol{D},\boldsymbol{X}) \geqslant 0\} \geqslant \eta_i^R,\quad i=1,2,\cdots,m\\ &\boldsymbol{D}_V=\{\boldsymbol{D}\}=\{d_1,d_2,\cdots,d_n\},\quad \boldsymbol{X}\in[X^i,X^u]\end{aligned} \tag{8-2}$$

式中　$\eta_i\{g_i(\boldsymbol{D},\boldsymbol{X}) \geqslant 0\}$—— 第 i 个约束对应的非概率可靠性指标；

η_i^R—— 第 i 个约束要求达到的非概率可靠性指标。

针对 RIA 方法效率相对较低的问题，Tu 等[77]提出了性能测量法（PMA）。但是 PMA 法面向的是随机不确定性问题，无法直接应用于区间不确定性问题。鉴于此，下面对区间不确定性下的 PMA 方法进行研究，如图 8.1 所示。

PMA 法的基本思路为：在对某约束进行可靠性分析时，约束可靠性只计算到要求的可靠性为止。因此，不再关心该约束满足可行性要求时的可靠性程度，而仅关心可靠性若达到设计要求时，约束条件是否可行。

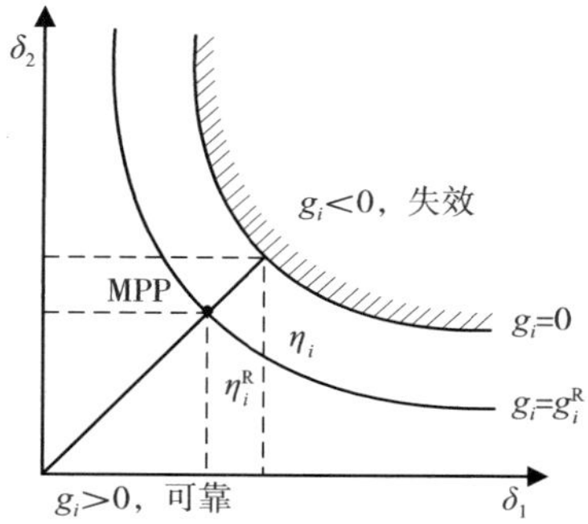

图 8.1　PMA 方法示意图

基于这一思路，PMA 法将可靠性指标表征的 RBDO 模型转换为：

$$\begin{aligned} &\min f(\boldsymbol{D},\boldsymbol{X}^{c}) \\ \text{s.t.}\quad & g_i^{R}(\boldsymbol{D},\boldsymbol{X}) \geqslant 0, \quad i=1,2,\cdots,n \\ & \boldsymbol{D}_{V}=\{\boldsymbol{D}\} \end{aligned} \tag{8-3}$$

其中 g_i^{R} 来源于：

$$\eta_i\{g_i(\boldsymbol{D},\boldsymbol{X}) \geqslant g_i^{R}\}=\eta_i^{R} \tag{8-4}$$

式中 η_i^{R}—— 设计要求达到的非概率可靠性指标；

g_i^{R}—— 约束函数 $g_i(\boldsymbol{D},\boldsymbol{X})$ 的 R 百分比，或称为性能测量值。

当 $g_i^{R} \geqslant 0$ 时 $\eta_i \geqslant \eta_i^{R}$，说明式(8－3)所表示的约束函数与可靠性约束是等价的。R 百分比 g_i^{R} 可以通过求解式(8－5)表示的逆可靠性问题来获得：

$$\begin{aligned} &\min g_i(\boldsymbol{D},\boldsymbol{\delta}_X) \\ \text{s.t.}\quad & \|\boldsymbol{\delta}_X\|_{\infty}=\eta_i^{R} \end{aligned} \tag{8-5}$$

记上式的优化解为 $\boldsymbol{\delta}_X^{*}$，通过反标准化变换可将 $\boldsymbol{\delta}_X^{*}$ 转化为原变量空间的对应值 $\boldsymbol{X}^{*}$，称为 MPP 点，则 R 百分比 $g_i^{R}=g_i(\boldsymbol{D},\boldsymbol{\delta}_X^{*})$。

8.1.2 序列优化与可靠性评估方法(SORA)

SORA 是一种流行的 RBDO 方法，它采用了解耦结构。该方法包括确定性优化部分和可靠性分析部分，这两个部分依次执行，直到获得稳定解。为了提高求解效率，Du[80]基于串行优化的方法，提出了序列优化与可靠性评估法(SORA)。由于该方法不是对每个迭代步骤都进行可靠性分析，而仅对确定性设计优化得到的最优解进行可靠性分析，从而降低了可靠性分析次数。从图 8.2 可以看出，SORA 法在求解基于区间不确定性的 RBDO 模型时，可分为以下四个步骤。

步骤一：确定性设计优化。在第一次循环计算时，先不考虑不确定性，而仅在均值点处开展确定性设计优化。在第二次循环计算时，需考虑不确定性，且此时对约束条件进行调整和修改，需要依据前一次循环计算得到的可靠性信息，从而提高约束条件的准确性和可靠性。

步骤二：可靠性分析。在第一步计算得到设计变量的优化解的基础上，对其可靠性分析，并采用了 PMA 方法，求得了满足可靠性约束的 MPP 点，同时也计算得到了相应的性能测量值。

步骤三：是否收敛。收敛条件为可靠性指标超过设定值，并优化目标的函数值趋于稳定，满足条件停止迭代。否则，进行步骤四。

步骤四：约束条件修改。通过 MPP 点的信息，对约束条件进行修改，并转到步骤一,重复以上过程直至满足收敛条件。

SORA 法的具体求解流程如图 8.3 所示。将迭代过程中确定性设计优化的模型表示为:

$$\begin{aligned} &\min f(\boldsymbol{D},\boldsymbol{X}^{c}) \\ &\text{s. t.} \quad g_i(\boldsymbol{D},\boldsymbol{X}^{*,k-1}) \geqslant 0 \end{aligned} \tag{8-6}$$

式中　$\boldsymbol{X}^{*,k-1}$——第 $k-1$ 次循环迭代中可靠性分析过程求得的 MPP 点向量。

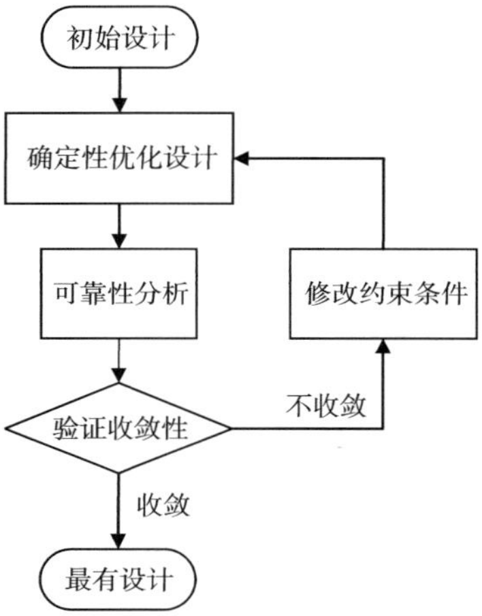

图 8.2　SORA 方法求解过程

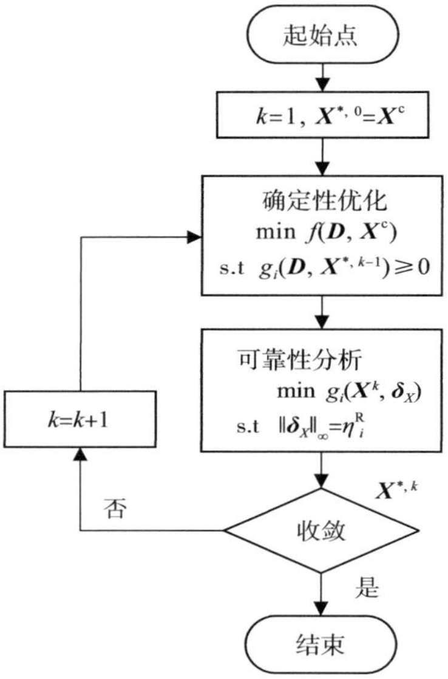

图 8.3　SORA 流程图

从上面的流程和步骤可以看到,PMA 所提供的位置信息对偏移向量进行持续的更新,使得偏移后的确定性约束和可靠度约束基本一致。该方法将系统的可靠性评价和优化两个步骤进行充分的解耦,以更少的迭代次数获得最优解,大大减少 MPP 点搜索次数,大幅提升求解效率,大幅降低计算量。

8.1.3　二进制遗传算法

遗传算法是一种基于生物学理论的有效随机搜索算法,通过对可行解进行编码,然后在种群中进行评价和筛选,利用全局并行搜索来最终找到最优解。该算法模拟了自然进化的过程,在搜索空间内不断优化种群,以此来寻找最优解。遗传算法流程如图 8.4 所示。

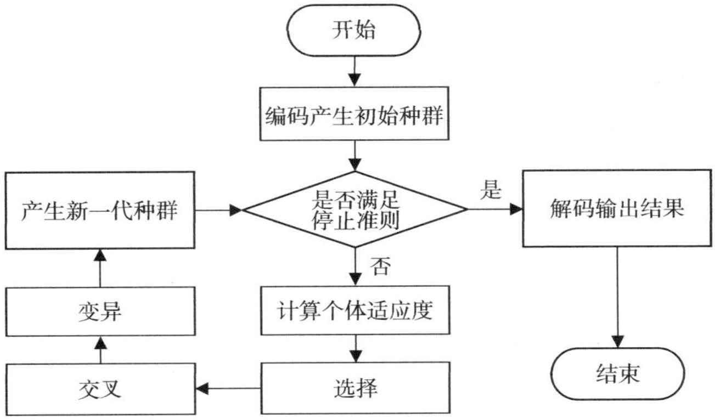

图 8.4　遗传算法流程图

步骤一：编码是遗传算法的关键步骤，涉及对可行解进行转换以适应遗传算法的搜索空间。不同的编码方式可以被用来实现这一目的，但是二进制编码方式是应用最为广泛的一种。通过合适的编码，遗传算法可以开始进行迭代运算，并逐步优化最优解的质量。

设某一变量的取值范围是$[U_{min}, U_{max}]$，长度为 l 的二进制符号表示参数，则一共产生 2^l 种不同的编码，编码如下：

$$\begin{aligned} &0000000\cdots0000000 = 0 \rightarrow U_{min} \\ &0000000\cdots0000001 = 1 \rightarrow U_{min} + \delta \\ &\quad\vdots \qquad\qquad \vdots \\ &1111111\cdots1111111 = 2^l - 1 \rightarrow U_{max} \end{aligned} \tag{8-7}$$

二进制编码精度 δ 为：

$$\delta = \frac{U_{max} - U_{min}}{2^l - 1} \tag{8-8}$$

步骤二：初始种群是由多个个体组成的集合，其个体数量对算法的执行过程和最终的计算结果具有直接影响。种群规模即这个初始种群中个体的总数。个体数量过少可能会影响结果的可靠性，而个体数量过多则可能增加计算所需的时间成本。种群规模的选择需要平衡计算精确度和计算效率之间的关系。在使用遗传算法启动迭代过程时，需要首先确定初始种群，这个初始种群即为第一代种群，通常是通过随机方式产生一定数量的个体，并以此作为起点进行后续的迭代过程。在实际应用中，种群规模的取值通常会根据具体情况进行设定，一般在 20 到 1 000 之间。

步骤三：在遗传算法中，个体的优劣程度是通过适应度来衡量的，而用来评估这种适应度的函数就被称为适应度函数，其设定依据是目标函数。在算法的运作过程中，是否将种群中的某个个体遗传至下一代，是根据该个体适应度所占比重的大小来决定的，即适应度更高的个体更有机会被选中。因此，适应度值必须是非负的。

对于求解最小值问题，可以做下列转换：

$$\mathrm{Fit}[f(x)]=\begin{cases} c_{\max}-f(x) & f(x)<c_{\max} \\ 0 & \text{其他} \end{cases} \tag{8-9}$$

式中 $\mathrm{Fit}[f(x)]$—— 适应度函数；

$f(x)$—— 目标函数；

$c_{\max}$—— 适当相对较大的数，可以是 $f(x)$ 估计最大值，也可以取合适的数值。

步骤四：选择算子，也称为复制环节，在遗传算法中扮演着重要的角色，用来选择种群中的个体。个体的适应度是否被选中并遗传给下一代的关键因素，适应度高的个体更有可能被选择。轮盘赌选择法是一种备受青睐的选择算子方法，主要是因为它既有效又实用。

轮盘赌选择算子是对个体适应度值进行的筛选，也称为比例选择算子。在这种选择过程中，个体被选中进入下一代的概率与其适应度值成正比，也就是说适应度值更高的个体更有可能被选择。这种选择机制确保了优秀的个体基因在遗传过程中得到更好地保留和传递。设群体大小为 n，个体 i 的适应度为 F_i，则个体 i 被选中遗传到下一代群体的概率为：

$$P_i=F_i/\sum_{i=1}^{n}F_i \tag{8-10}$$

步骤五：交叉算子是遗传算法中的核心操作之一，涉及两对配对的染色体。在特定区域内进行基因互换，可以有效地产生新的染色体和个体。通过交叉算子的运作，可以帮助生成新的个体，从而促进遗传算法的进化和优化过程。交叉概率的取值范围通常在某个特定区间内，一般是在 0.4 到 0.99 之间。交叉运算有多种形式，包括单点交叉、两点交叉以及多点交叉等。

① 单点交叉是遗传算法中一种主要的交叉方式，也被称为简单交叉。简而言之，单点交叉是以染色体中的一个特定点为基准，交换两条染色体的编码来生成新的个体。这种交叉方式可以帮助改进种群中的个体，并提升遗传算法的效果。

② 两点交叉和多点交叉。两点交叉和多点交叉是基因重组的两种操作方

式。在两点交叉中，通过设置两个交叉点来进行基因互换；而在多点交叉中，则设置多个交叉点进行基因重组。这些操作方式可以帮助生成新的染色体，进而增加遗传多样性和进化的可能性。

步骤六：在进化算法中，变异算子扮演着举足轻重的角色。它根据预设的变异概率，对个体编码串中的基因值进行替换，进而催生出全新的个体。通过变异操作，种群中的个体可以获得新的基因组合，从而增加种群的多样性，有助于算法跳出局部最优解，发现更优的全局最优解。若变异概率过大，会使搜索变得没有目的性；若变异概率过小，则新的个体不易产生，对最优解的搜索产生不利影响。变异概率一般在 0.005 到 0.01 之间。

步骤七：在遗传算法中，解码是算法的最后一步，而解码则是对编码过程的逆运算。通过解码，遗传算法得到的最优解可以被转化为实际的数值，从而使得算法得以有效应用于实际问题的求解过程中。

8.2　可靠性优化算法改进

8.2.1　算法框架

本书提出的算法框架如图 8.5 所示，除初始化过程外，该算法由两个主要部分组成。

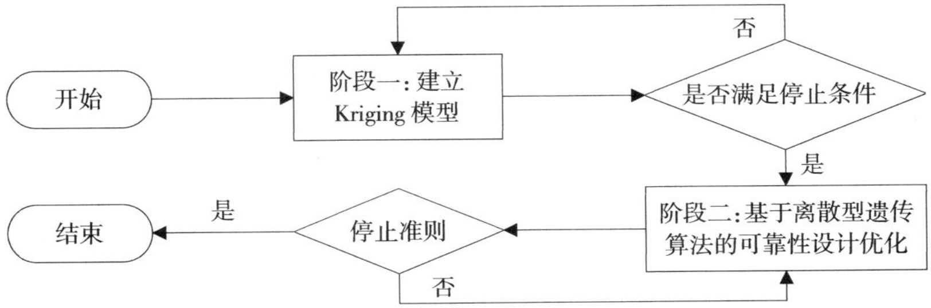

图 8.5　算法流程图

阶段一：建立 Kriging 模型。利用 AK－MCS 方法来提高机械系统的可靠性评估。AK－MCS 方法结合了 Kriging 模型和 Monte Carlo 方法，通过主动学习的方式，减少在工程应用仿真模拟的次数，并不断改进模型，从而更准确地预测系统的可靠性。这种方法不仅可以显著减少样本数和计算成本，还可以解决功能函数隐式和高度非线性的问题，且具有较高的精度和效率。

阶段二：基于遗传算法的可靠性设计优化。该阶段分为两部分，第一部分采用不考虑可靠性要求确定性优化算法的初始迭代。为了在该优化模块中实现解的全局性和离散性，使用保证解的全局性和离散性的确定性优化算法。本模块使用元启发式算法及离散型遗传算法。因此，在这一部分中得到的解是粗略的，并且在大多数情况下只能提供全局离散最优解。该阶段的第二部分是基于第一部分的最优解进行约束边界采样，提高阶段一中的约束边界附近代理模型的拟合精度，不再需要对非约束边界附近进行计算，减少计算量，提高效率。最后基于 SORA 进行可靠性分析，修改约束条件，最终找到了准确的最优设计点。

8.2.2 算法步骤

第一阶段通过第 6 章基于 Kriging 模型和 Monte Carlo 方法等主动学习的可靠性算法拟合极限状态方程。该方法的流程图和基本步骤见 6.2 节内容。在得到极限状态方程后，将其代入到第二阶段为优化任务提供预测值。第二阶段的流程如图 8.6 所示。

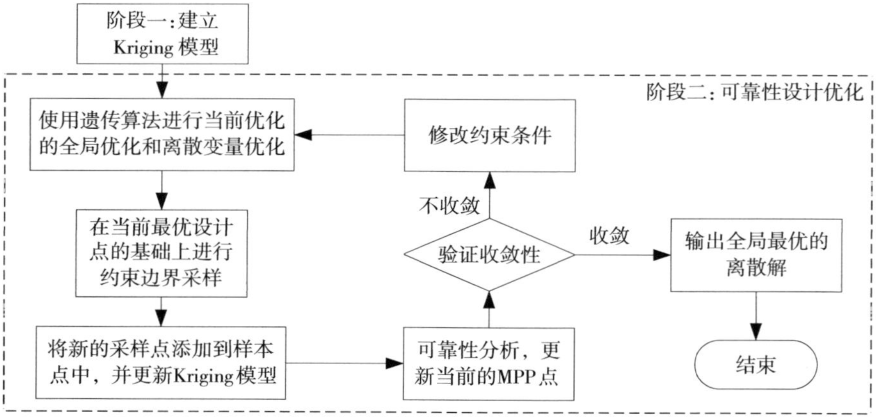

图 8.6 第二阶段流程图

该阶段的具体步骤如下。

步骤一：在本阶段与其他具有代理模型的 RBDO 算法一样，通过第一阶段建立初始 Kriging 代理模型，作为可靠性优化的约束条件。采用全局性的确定性优化方法，快速定位具有潜在最优点的感兴趣区域。与传统 SORA 算法使用序列二次规划(SQP)作为优化器不同，该步骤中的全局优化模块采用遗传算法来提高解的全局性。

步骤二：基于约束边界采样准则，在步骤一中得到的最优解的基础上，采用约束边界抽样，抽取约束边界附近的样本点更新 Kriging 模型，提高约束边界的精度，减少约束范围外的计算所造成效率低下。

步骤三：将新的样本点添加到样本集中，并计算新样本点的有限元响应值，构建新的性能约束 Kriging 代理模型。

步骤四：基于步骤一所得的确定性优化的最优解，采用 PMA 法进行可靠性分析，得到此时满足可靠性约束的 MPP 点，同时计算其相应的性能测量值。

步骤五：可靠性指标是否得到满足，且优化目标的函数值是否稳定，满足要求，则整个迭代优化过程结束。否则，转到步骤六。

步骤六：通过步骤四得到的 MPP 点信息，修改确定性优化中的约束条件以应用到下一循环中，转到步骤一，重复以上过程直至满足收敛条件。

8.3　算例

8.3.1　算例一

算例一的 RBDO 表达式为：

$$
\begin{aligned}
&\text{find} \quad \boldsymbol{d}=[d_1, d_2]^{\mathrm{T}} \\
&\min \quad f(\boldsymbol{d})=d_2-0.4d_1 \\
\text{s.t.}\quad &\operatorname{prob}[g_i(\boldsymbol{X})<0] \leqslant \phi(-\beta_{\mathrm{T}}^i), \quad i=1,2,3 \\
&g_1(\boldsymbol{X})=X_1^2X_2/20-1 \\
&g_2(\boldsymbol{X})=(X_1-6.5)^2+8(X_2-3) \\
&g_3(\boldsymbol{X})=80/(X_1^2+8X_2+5)-1 \\
&0 \leqslant d_1 \leqslant 10, \quad 0 \leqslant d_2 \leqslant 10 \\
&\beta_{\mathrm{T}}^1=\beta_{\mathrm{T}}^2=\beta_{\mathrm{T}}^3=1.0 \\
&\boldsymbol{d}^{(0)}=[3.0, 3.0]^{\mathrm{T}} \\
&\boldsymbol{X}_n \sim N(d_n, 0.6^2), \quad n=1,2
\end{aligned}
\tag{8-11}
$$

在这个例子中，所有的随机变量在统计上是独立的和正态分布的。目标可靠性指标为 $\beta_T = 1$，标准差为 $\sigma = 0.6$。图 8.7 是被三个可靠性约束所包围的可行区域。通过使用确定性优化、RBDO 方法和本章提出的算法，将 RBDO 问题分别用不同的算法求解得到最优设计点，并在图中标注出。图 8.8 为 Kriging 模型拟合的约束边界更新迭代过程及采样。不同方法计算结果的比较如表 8.1 所示。

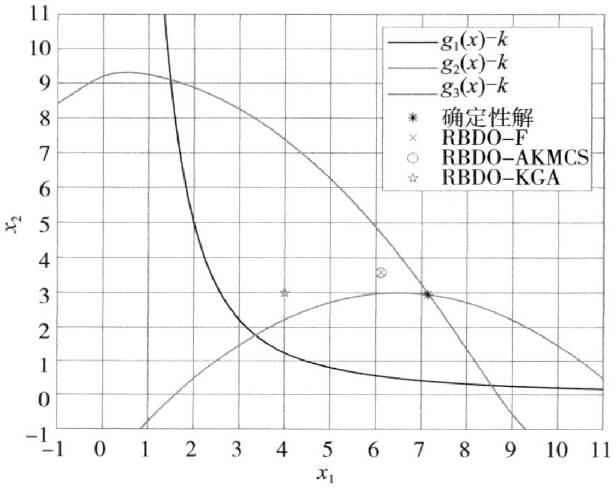

图 8.7　不同方法的优化结果

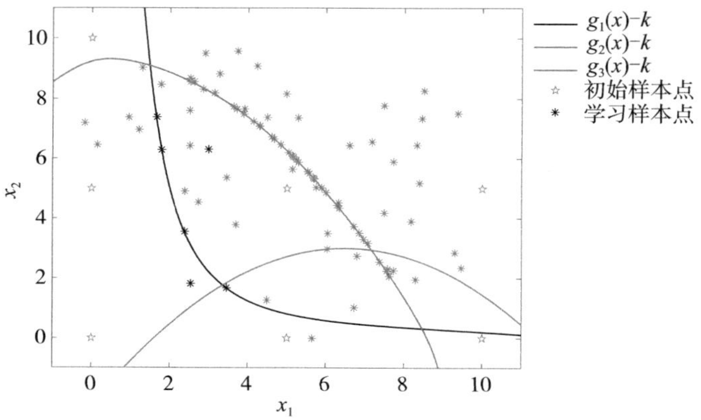

(a) iter=0

图 8.8　约束边界更新迭代过程及采样

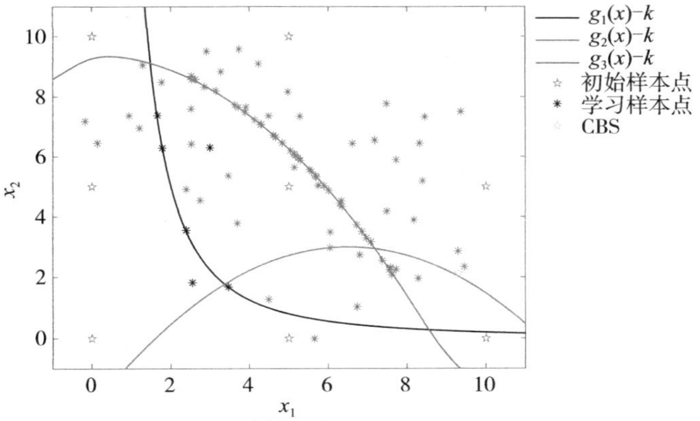

(b) iter=1

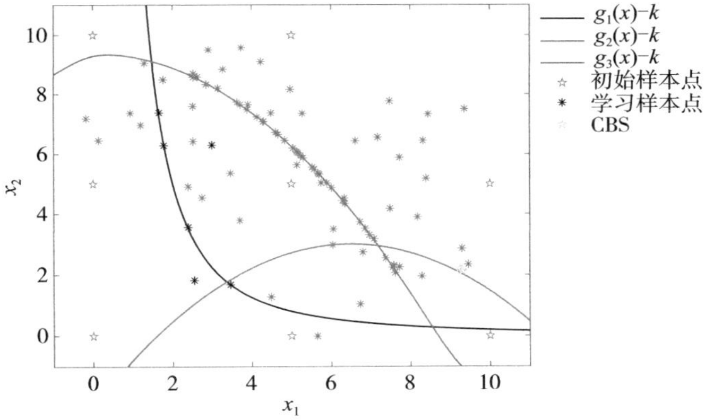

(c) iter=3

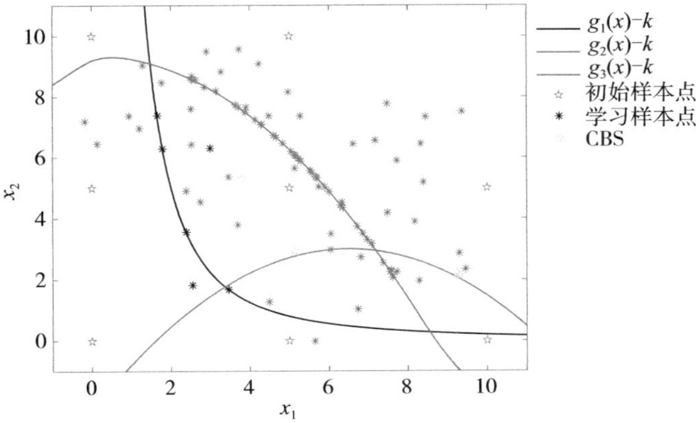

(d) iter=6

图 8.8 （续）

表 8.1 不同方法计算结果的比较

方法	d_1	d_2	目标函数值	β_1	β_2	β_3
确定性优化(fminisearch)	7.143 1	2.943 4	0.086 16	4.223 5	0.008 1	0.043 6
RBDO(fminisearch+PMA)	6.108 5	3.583 3	1.139 9	4.798 3	0.999 9	1.000 0
RBDO(fminisearch+AKMCS)	6.109 5	3.583 3	1.139 5	4.971 4	0.999 8	0.998 6
RBDO(离散 GA+AKMCS)-本文方法	4	3	1.4	2.104 4	1.124 6	4.499 1
最优整数解	4	3	1.4	2.104 4	1.124 6	4.499 1

从表 8.1 中可以清楚地看到，优化结果在可靠性指标和性能约束方面达到了要求。在本章所介绍的算法中，优化目标结果相对较大，但仍然能够满足可靠性、全局性和离散性的要求。因此，这种算法在实际工程应用中可以得到准确的计算结果，具有重要的实际意义。

8.3.2 算例二

算例二的 RBDO 表达式为：

$$
\begin{aligned}
&\text{find} \quad \boldsymbol{d}=[d_1,d_2] \\
&\min \quad f(\boldsymbol{d})=(d_1-3.7)^2+(d_2-4)^2 \\
\text{s.t.} \quad &\text{prob}[g_i(\boldsymbol{X})<0]\leqslant \phi(-\beta_{\mathrm{T}}^{i}), \quad i=1,2 \\
&g_1(\boldsymbol{X})=-X_1\sin(4X_1)-1.1X_2\sin(2X_2) \\
&g_2(\boldsymbol{X})=(X_1-2)^2+(X_2-2.5)^2-0.3 \\
&0.0\leqslant d_1\leqslant 3.7, \quad 0.0\leqslant d_2\leqslant 4.0 \\
&\beta_{\mathrm{T}}^{1}=\beta_{\mathrm{T}}^{2}=1.0 \\
&\boldsymbol{d}^{(0)}=[2.5,2.5]^{\mathrm{T}} \\
&\boldsymbol{X}_n \sim N(d_n,0.1^2), \quad n=1,2
\end{aligned}
\tag{8-12}
$$

在这个例子中，目标可靠性指标为 $\beta_{\mathrm{T}}=1$，标准差为 $\sigma=0.1$。将 RBDO 问题分别用不同的算法求解得到最优设计点在图 8.9 中标注出，表 8.2 是对不同方法得到的最优解、目标函数值和可靠性指标进行比较。图 8.10 和图 8.11 为 Kriging 模型拟合的约束边界及最优点。

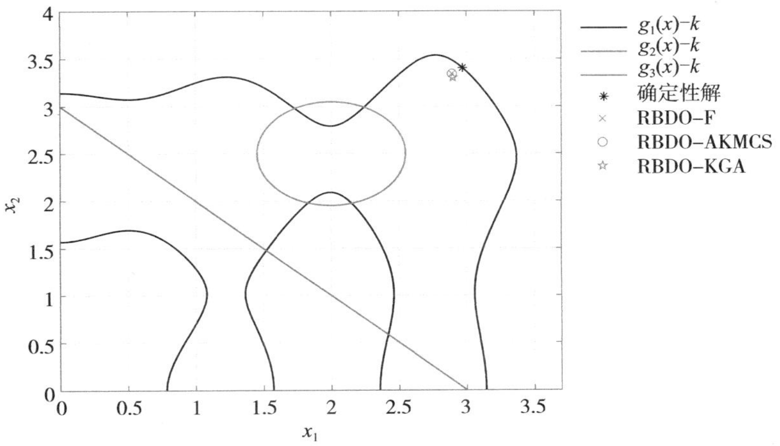

图 8.9　不同方法的优化结果

表 8.2　不同方法计算结果的比较

方法	d_1	d_2	目标函数值	β_1	β_2
确定性优化(fminisearch)	2.971 1	3.403 5	0.887 1	0.000 12	7.786 8
RBDO(fminisearch+PMA)	2.893 7	3.340 2	1.085 5	1.000 0	6.789 1
RBDO(fminisearch+AKMCS)	2.897 9	3.336 0	1.084 2	0.993 9	6.791 1
RBDO(离散 GA+AKMCS)-本文方法	2.9	3.3	1.130 0	1.198 7	6.564 4
最优解(保留一位小数)	2.9	3.3	1.130 0	1.198 7	6.564 4

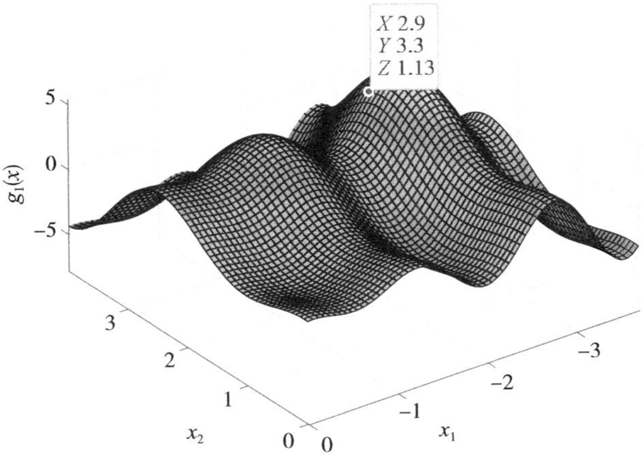

图 8.10　$g_1(x)$Kriging 模型优化曲线图

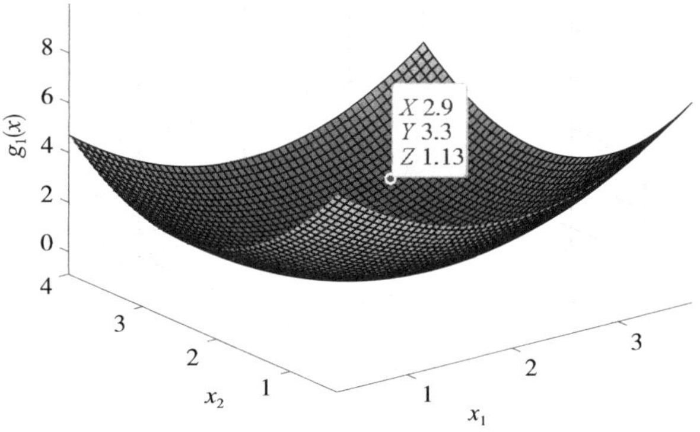

图 8.11 $g_2(x)$Kriging 模型优化曲线

8.3.3 结果分析

通过以上两个算例,可以看出本章所提出的算法相较于另外三种优化算法,虽然在目标函数值上结果较大,但优化变量均满足实际工程的应用要求。图 8.8 是 Kriging 拟合的约束边界更新迭代过程并在确定性优化结果的基础上采用 CBS 抽样,使构建的概率约束 Kriging 模型精度更高,更接近真实值。从图 8.10 和图 8.11 可以看出,优化结果在区间边界处,从而验证了函数模型优化的合理性。保证了 Kriging 模型在函数范围边界处的有效限制,从而解释本文算法优化结果的最优性。即基于 Kriging 模型的可靠性优化算法可以很好地优化设计行星齿轮参数。

工程实践中,经常会遇到目标函数是显式的,而约束函数是隐式的情况,例如轻量化设计的机械产品。在这种情况下,可以直接计算重量和体积等目标属性,但需要进行有限元仿真或物理实验才能确定强度和模态等约束特性。针对这类问题,本书提出的算法能够减少仿真分析的调用次数,节约计算时间,并提高可靠性分析的效率和计算结果的精度。

8.4 行星轮系可靠性优化

本书提出算法用于对行星齿轮传动系统进行单目标优化,以实现重量最小化。在保证可靠性的前提下，通过调整行星齿轮、主轴和行星架的参数来减小传动系统的体积，从而降低整个轮系的重量，达到轻量化的目标。

8.4.1　确定设计变量

本书旨在通过最少的材料成本来设计满足可靠性要求的行星齿轮传动系统。因为行星齿轮传动系统涉及设计参数较多，因此只选择了模数、齿宽、主轴厚度、行星架厚度和行星架输出端厚度作为设计变量。

设计变量为：

$$\boldsymbol{x}=[m, B_1, B_2, B_3, B_4]^{\mathrm{T}}=[x_1, x_2, x_3, x_4, x_5]^{\mathrm{T}} \tag{8-13}$$

式中　m—— 齿轮模数；

B_1—— 齿宽；

B_2—— 主轴厚度；

B_3—— 行星架板厚度；

B_4—— 行星架输出端厚度。

8.4.2　目标函数

为了保证行星齿轮传动机构满足体积和可靠性的要求，应将选取体积最小作为优化目标函数，可靠性为约束。这样可以在满足设计要求的前提下，确保传动系统具有最优的性能表现。

总体积为：

$$V=V_1+V_2+V_3 \tag{8-14}$$

式中　V—— 模型总体积；

V_1—— 太阳轮、行星轮和内齿圈的体积和；

V_2—— 主轴的体积；

V_3—— 行星架的体积。

$$\begin{aligned} V_1 &= \frac{\pi}{4}B_1(d_1^2+5d_2^2+d_{3f}^2-d_{3a}^2) \\ &\approx \frac{\pi}{4}B_1 m^2(Z_1^2+5Z_2^2+9Z_3-2.25) \\ &= 3\,418.687\,5\pi \times m^2 \times B_1 \end{aligned} \tag{8-15}$$

$$
\begin{aligned}
V_2 = &(90B_2 - B_2^2)\pi \times 45 + 41\ 230.3B_2 - 427.3B_2^2 + 10\ 508.6B_2 - 94.2B_2^2 + \\
&\left[\begin{matrix}(3\ 600B_2 + 1\ 890mB_2 - 744.187\ 5m^2B_2 - 120B_2^2 + 31.5mB_2^2) \times \\ 42/(60 - 15.75m) + 5\ 040B_2 - 42B_2^2\end{matrix}\right]\pi/3 + \\
&(120B_2 - B_2^2)\pi \times 70 + (31.5mB_2 - B_2^2)\pi \times 89 \\
= &90\ 851.73B_2 - 1\ 162.38B_2^2 + 8\ 807.46mB_2 + \\
&\left[\begin{matrix}(3\ 600B_2 + 1\ 890mB_2 - 744.187\ 5m^2B_2 - 120B_2^2 + 31.5mB_2^2) \times \\ 42/(60 - 15.75m) + 5\ 040B_2 - 42B_2^2\end{matrix}\right]\pi/3
\end{aligned}
\tag{8-16}
$$

$$
\begin{aligned}
V_3 = &[(Z_1m/2 + Z_3m - 2m)^2 - (Z_1m/2 + 5m)^2]\pi B_3 + \\
&\{(Z_1m/2 + Z_3m - 2m)^2 - [(Z_1 + Z_3)m/2 - Z_3m/4 - 15m - B_4]^2\}\pi B_3 + \\
&\left\{\begin{matrix}[(Z_1 + Z_3)m/2 - Z_3m/4 - 15m]^2 - \\ [(Z_1 + Z_3)m/2 - Z_3m/4 - 15m - B_4]^2\end{matrix}\right\}\pi \times 60 - \\
&(Z_3m/4)^2\pi B_3 \times 10 \\
= &5\ 987.312\ 5\pi m^2B_3 + (1\ 890 + 31.5B_3)\pi mB_4 - (60 + B_3)\pi B_4^2
\end{aligned}
\tag{8-17}
$$

8.4.3 约束条件

行星轮系主要以边界约束和性能约束为主要条件，以自变量的变化范围作为边界约束，包括模数、齿宽、主轴的厚度、行星架厚度和行星架输出端厚度的约束范围，并依据设计手册确定范围的大小。性能约束为齿轮、主轴和行星架的强度要求，不能超过许用应力值的范围。

(1) 边界约束

系统边界约束条件为齿轮、主轴和行星架主要设计参数的范围，同时也是自变量取值范围。设计变量范围为：

$$
\begin{cases}
2 \leqslant m \leqslant 6 \\
40 \leqslant B_1 \leqslant 60 \\
2 \leqslant B_2 \leqslant 8 \\
3 \leqslant B_3 \leqslant 9 \\
2 \leqslant B_4 \leqslant 6
\end{cases}
\tag{8-18}
$$

(2) 性能约束

为确保行星轮系正常运转并具有良好的可靠性，必须保证设计中各部件的结构性能。在进行参数优化时，必须注意控制齿轮的接触应力和弯曲应力在许用范围内，同时主轴和行星架的扭转切应力也需小于允许的剪切应力。这些约束条件对于行星轮系的设计和优化至关重要，其性能约束条件如下：

① 齿轮接触强度约束条件。齿面的接触应力不得超过其许用应力，约束如下：

$$G_1(x)=\sigma_H\leqslant[\sigma_H] \tag{8-19}$$

式中　$[\sigma_H]$——齿面接触强度许用应力；

σ_H——ANSYS 仿真计算出的齿面接触应力。

② 齿根弯曲强度约束条件。齿根的弯曲应力不得超过其许用应力，约束如下：

$$G_2(x)=\sigma_F\leqslant[\sigma_F] \tag{8-20}$$

式中　$[\sigma_F]$——齿根弯曲强度许用应力；

σ_F——ANSYS 仿真计算出的齿根弯曲应力。

③ 主轴扭转强度约束条件。主轴扭转切应力应小于许用扭转切应力，约束如下：

$$G_3(x)=\tau_T\leqslant[\tau_T] \tag{8-21}$$

式中　$[\tau_T]$——许用扭转切应力；

τ_T——ANSYS 仿真计算出的扭转切应力。

④ 行星架扭转强度约束条件。行星架扭转切应力应小于许用扭转切应力，约束如下：

$$G_4(x)=\tau_T\leqslant[\tau_T] \tag{8-22}$$

式中　$[\tau_T]$——许用扭转切应力；

τ_T——ANSYS 仿真计算出的扭转切应力。

为了直观地表示 Kriging 模型与变量之间的关系，绘制出极限状态函数样本点和两个变量与 Kriging 模型的三维模型。由于 CBS 抽样的初始样本点集均满足停止条件，且精度较高，故对整体优化框架进一步简化处理，即仅在第一阶段对 Kriging 模型进行更新，如图 8.12、图 8.13、图 8.14、图 8.15、图 8.16 和图 8.17 所示，以及调用 ANSYS 仿真的次数如表 8.3 所示。由此可见，通过使用近似模型来拟合概率约束函数，可以减少对仿真次数的依赖，从而降低计算成本。

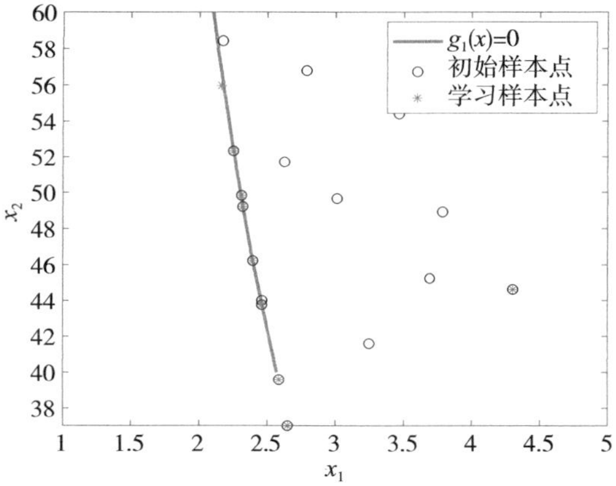

图 8.12　极限状态函数样本点

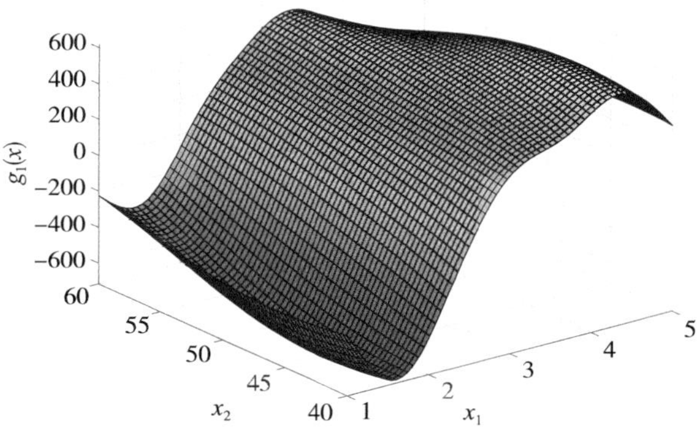

图 8.13　Kriging 模型优化曲线

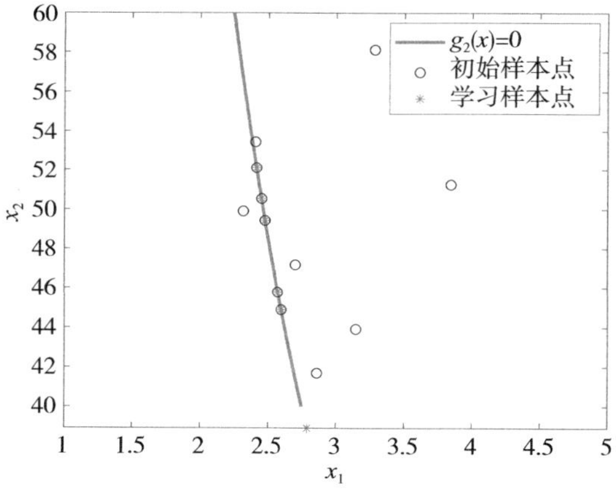

图 8.14　极限状态函数样本点

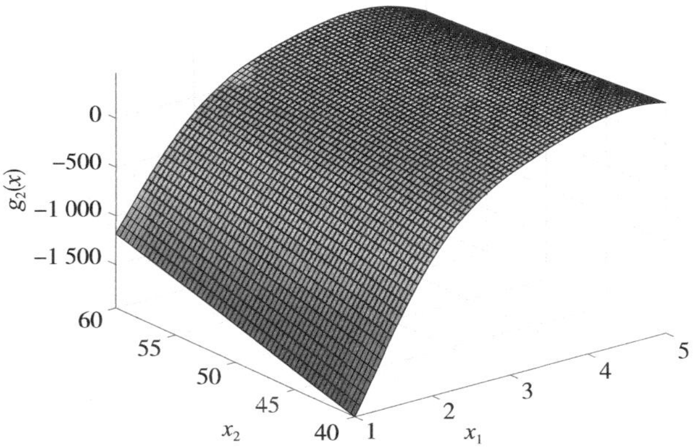

图 8.15　Kriging 模型优化曲线

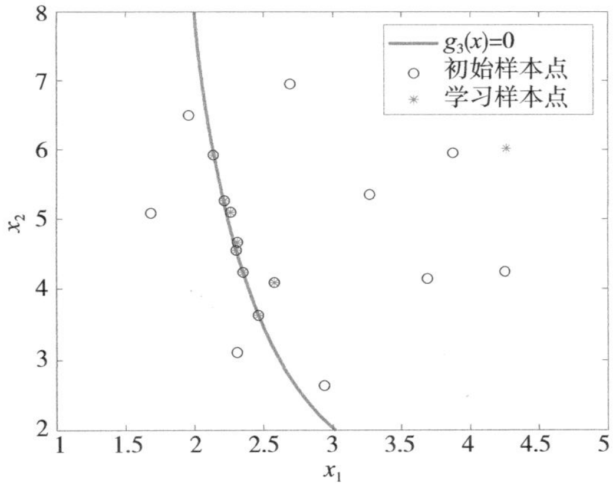

图 8.16　极限状态函数样本点

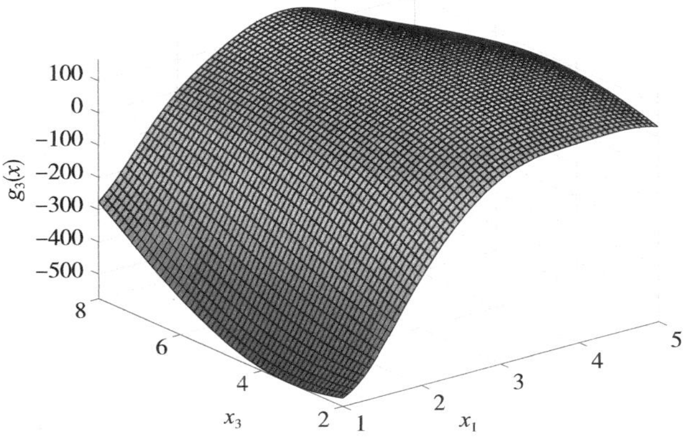

图 8.17　Kriging 模型优化曲线

表 8.3　各函数调用仿真次数

约束函数	$g_1(x)$	$g_2(x)$	$g_3(x)$	$g_4(x)$
ANSYS 调用次数	(9+8)	(8+5)	(9+8)	(9+21)

8.4.4　优化结果

使用本章提出的算法对行星齿轮传动系统各零部件的可靠性进行了优化，优化结果如表 8.4 所示。

表 8.4　行星齿轮传动系统优化结果

参数	原始方案	方案 1 (整数)	方案 2 (一位小数)	方案 3 (两位小数)
模数/mm	3	4	3.7	3.76
齿宽/mm	54	40	42.9	41.27
主轴厚度/mm	4	3	3.3	3.10
行星架厚度/mm	6	3	3.0	3.00
输出端厚度/mm	3.5	3	3.7	3.38
体积/mm^3	6 806 464	8 264 871	7 607 603	7 561 798
可靠性指标 1	2.434 3	3.332 7	3.253 5	3.094 1
可靠性指标 2	1.944 8	3.569 3	3.010 5	3.010 8
可靠性指标 3	1.894 6	3.015 0	3.248 5	3.012 4
可靠性指标 4	1.021 5	3.415 8	3.362 6	3.251 0

研究结果展示了三个不同方案的优化结果:方案 1 的结果为整数,方案 2 的结果保留一位小数,方案 3 的结果保留两位小数。对比原始方案和优化求解后的方案的目标函数值与可靠性指标。

通过表 8.4 的优化结果对比可知,经过算法优化后,方案 1、方案 2 和方案 3 的体积均比原方案的体积大。方案 1、方案 2 和方案 3 在满足可靠性、全局性和离散性要求的前提下,在优化目标方面做出了一些牺牲,但在满足各自的约束下使得优化目标函数达到最小值,整体上表现出较好的优化效果。

8.5　本章小结

本章详细介绍了基于区间不确定性的可靠性设计优化模型和二进制遗传算法，并将 Kriging 模型和遗传算法引入其中进行研究，构建新的 RBDO 框架，提高了准确性和效率，并详细描述了具体步骤和流程图。该方法有效解决了非线性功能函数、优化结果全局性和离散性的问题，并通过数值算例验证了其在实际工程应用中的可行性。结果表明，该方法能够用较少的样本点获得高精度的优化结果，同时确保结果的全局性和离散性，证明了该算法是一种有效而精确地解决 RBDO 问题的方法。

第 9 章　齿圈柔性对重型行星齿轮系统疲劳可靠性的影响及优化

9.1　引言

齿圈轮缘厚度是大型航空行星机构的重要结构设计参数，经常期望在满足齿圈强度和耐久性要求的前提下，使轮缘厚度尽可能薄，以此达到轻量化的目的。齿圈的轮缘柔性会显著影响行星传动在轮齿啮合层面和系统功率分流层面上的力学性能，是决定大型航空行星系统服役可靠性水平的关键设计因素之一。然而，目前关于齿圈柔性对行星系统可靠性影响机理的具体研究很少，在可靠性指标约束下齿圈结构优化设计的理论和方法也非常缺乏。

为了分析齿圈轮缘柔性对行星系统疲劳可靠性的影响及机理，本章在第 4 章“行星齿轮系统多刚柔体动力学仿真建模”的基础上，利用层级有限元技术，计算了柔性齿圈影响下重型直升机行星系统的危险齿的应力响应，分析了齿圈缘厚度影响行星系统疲劳可靠性的机理，建立了齿圈轮缘柔性与行星系统疲劳可靠性的映射关系。

9.2　齿圈柔性影响下的应力响应分析

9.2.1　轮缘柔性系数

在轮缘厚度相当的条件下，具有较大半径的齿轮将具有更大的柔性。为此，引入轮缘柔性系数 Λ，将其定义为轮缘厚度与齿根圆半径的比值，齿圈轮缘的柔性计算相关参数如图 9.1 所示。

表达式见式(9－1)，利用式(9－1)可以更加有效地描述齿圈轮缘柔性对行

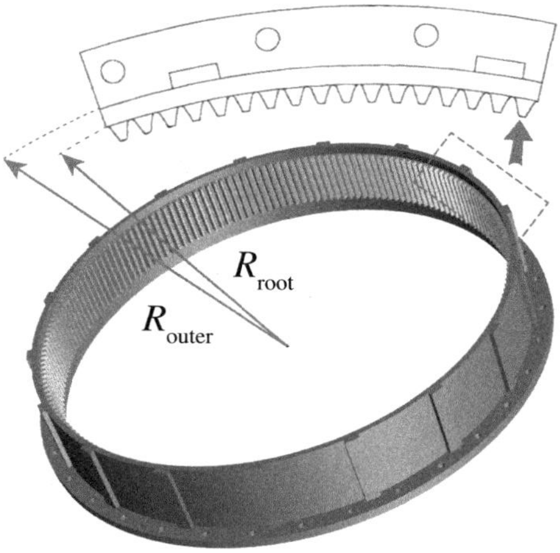

图 9.1　齿圈轮缘柔性计算相关参数

星轮系载荷行为的影响。

$$\Lambda = (R_{outer} - R_{root})/R_{root} \quad (9-1)$$

式中　R_{outer}、R_{root}——轮缘外圆半径和齿根圆半径。

9.2.2　大型构件弹性变形的仿真结果

图 9.2 展示了行星系统在危险工况下(直升机最大起飞功率模式下)内齿圈准静态弹性变形结果。图 9.2(a)展示了内齿圈轮缘径向位移的结果,其大变形区出现在内齿圈与行星齿轮的啮合位置。由于支撑肋板刚度较高,当大变形区位于支撑肋板位置时,其径向位移幅值减小;图 9.2(b)显示了内齿圈轴向(z轴)位移结果,这些支撑肋板的影响也破坏了内齿圈变形行为的旋转对称性。由于行星齿轮处于不同的相位,这导致了行星齿轮副的应力响应受到不同程度的影响;图 9.2(c)为内齿圈轮缘切向位移结果,其节点位移方向与行星轮轨道方向(POD)一致。内齿圈轮缘上 7 个相位节点的位移分布存在显著差异,这可能导致行星齿轮在不同相位的齿根应力响应存在显著差异。

图 9.3 展示了行星架在内齿圈和输入轴柔性耦合作用下的弹性变形结果。图 9.3(a)为其径向位移结果,在行星架的前、后基板上,前基板 A 处和后基板 B 处(位于行星销周向同侧)节点位移方向相反。然而,在图 9.3(b)的轴向位移结果中,上述两个区域的节点位移方向是相同的。从图中可以看出,行星架的弹性行为具有一定程度的旋转对称性。结果表明,行星架的弹性变形会导致各行

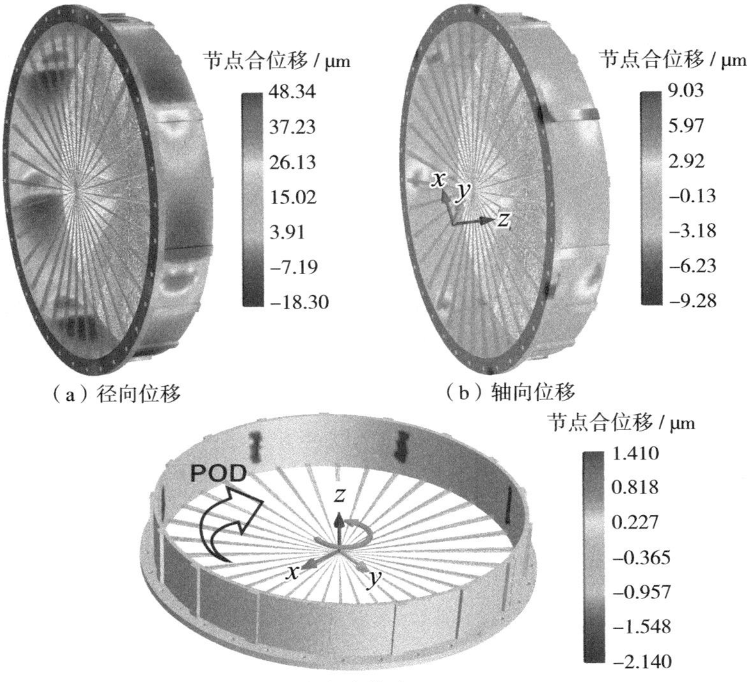

（a）径向位移　　（b）轴向位移

（c）切向位移

图 9.2　齿圈的弹性变形结果

星销在多个方向上发生偏转，从而影响行星系统中各齿轮副的载荷分布和应力水平。

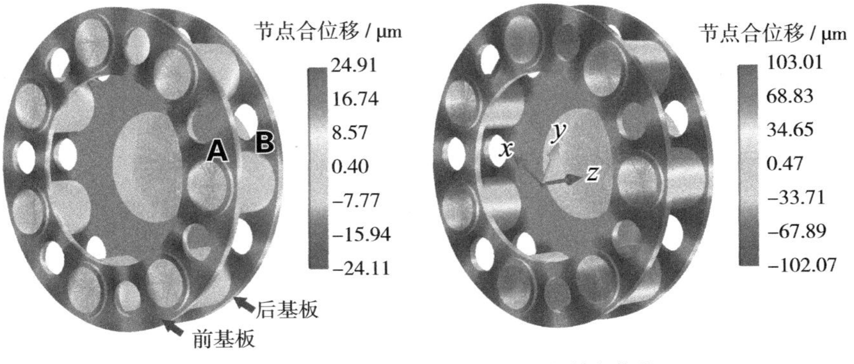

（a）径向位移　　（b）轴向位移

图 9.3　行星架的弹性变形结果

9.2.3 危险齿根应力历程计算与分析

齿根弯曲疲劳强度是重载行星齿轮传动系统最重要的强度校核指标之一，极端的载荷条件和苛刻的可靠性标准将对重型直升机行星轮系提出更高的抗弯曲疲劳能力要求[3]。因此，在计算和分析行星系统可靠性时，采用最大齿根弯曲应力作为载荷指标。此外，直升机的最大起飞功率模式是危险的。本章将这种情况下的最大齿根应力定义为危险齿根应力，这是影响行星系统可靠性问题的最重要的载荷因素之一。在此基础上，计算了直升机在最大起飞功率模式下，轮齿从啮入直到啮出的这一过程中，单齿在齿根危险截面上所能达到的最大拉应力。直接从齿轮啮合过程中采集危险齿根应力，同时将内齿圈-行星轮齿轮副的应力量化为行星齿轮周向位置(以相位角测量)的函数。由于系统配置了沿周长均匀分布的 7 个行星齿轮，因此在初始状态下，可以得到相应的 7 组该齿轮副的应力解，其中每组应力解包含一个内齿圈轮齿和一个行星轮轮齿的危险齿根应力值。如果行星架旋转到下一状态，则可以得到另外七组应力解，如图 9.4 所示。据此，设置行星架转动 4 次以形成 5 个连续状态，且每次转过 10.29°，这样就可以得到内齿圈-行星轮齿轮副在圆周上均匀分布的 35 组应力解。通过上述设置过程，同时还可以获得行星轮-太阳轮齿轮副在圆周上均匀分布的 35 组危险齿根应力计算值。可见，当一个行星轮处在某个相位角时，可以计算得到一个太阳轮轮齿的和一个内齿圈轮齿的危险齿根应力值，以及两

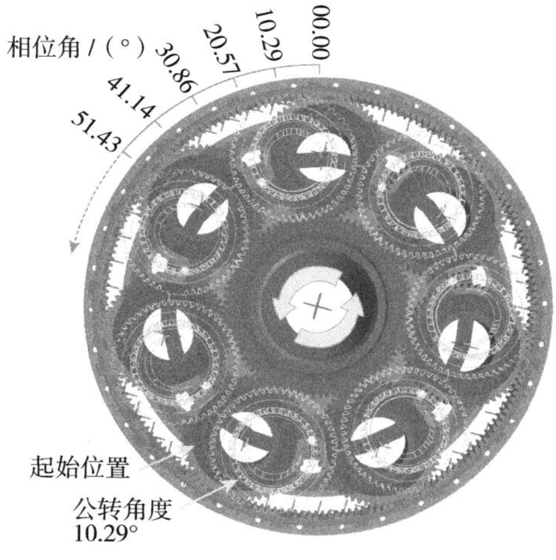

图 9.4　内齿圈-行星轮齿轮副的危险齿根应力的计算点分布

个行星轮轮齿的危险齿根应力值(分别与太阳轮和内齿圈啮合所产生的)。利用这些连续状态的准静态弹性力学行为仿真计算结果,便可以全面地反映内齿圈轮缘柔性影响下的行星齿轮系统的载荷传递与变化机制。

考虑该型号大型航空行星装备在设计中采用的常规尺寸系列,将轮缘柔性系数 Λ 取值范围设定为 0.01～0.05,该范围涵盖了航空领域的大多数大型行星装备的相关尺寸设计。根据不同的 Λ 值,分别计算行星轮-内齿圈齿轮副和行星轮-太阳轮齿轮副在圆周上均匀分布的 35 个危险齿根应力,结果如图 9.5 所示。其中,行星系统的载荷输入利用了直升机在巡航飞行状态下系统的额定工况参数。随着内齿圈轮缘厚度的增加,齿圈轮齿的应力水平逐渐降低,且波动幅度逐渐平缓,如图 9.5(a)所示。虽然内齿圈上的各个轮齿存在相位差异,但从高周疲劳的角度出发,可以认为内齿圈上的每一个轮齿都将经历相同的载

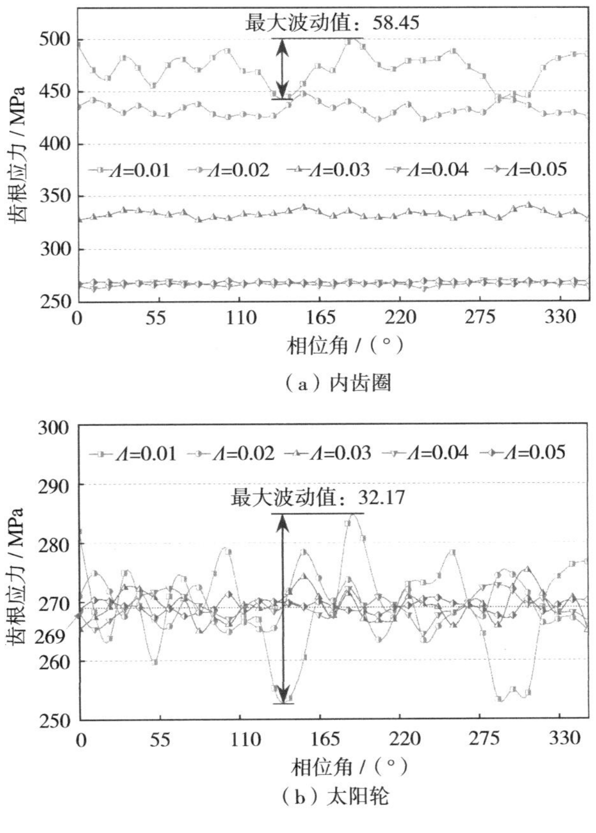

图 9.5 危险齿根应力的载荷历程

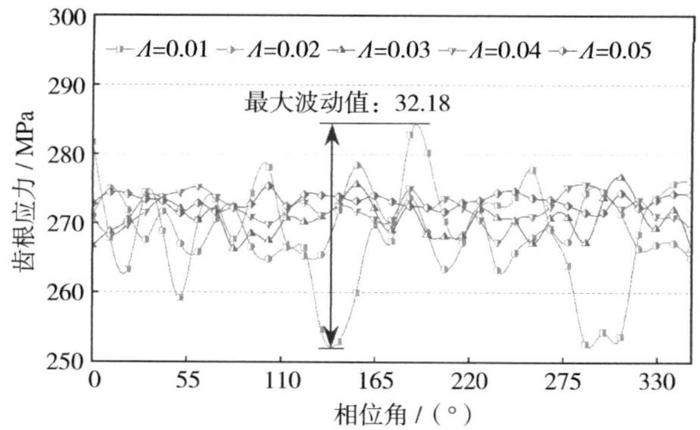

(c) 与内齿圈啮合的行星轮

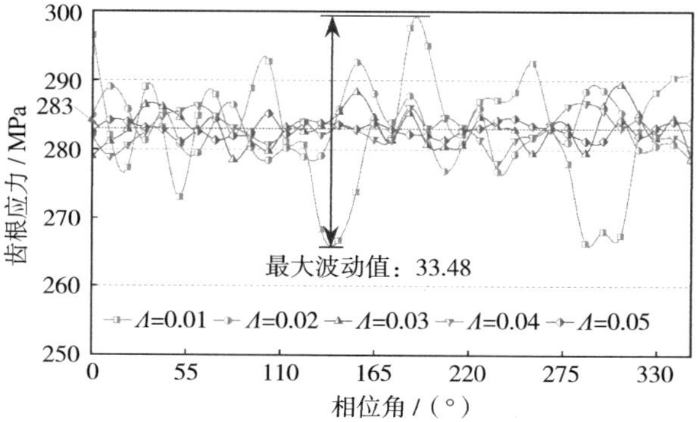

(d) 与太阳轮啮合的行星轮

图 9.5 （续）

荷历程，这种假设也适用于下述其他齿轮。对于太阳轮轮齿，随着轮缘厚度的增加，其波动幅度逐渐平缓，但平均应力水平并未发生改变，始终保持在 269 MPa 附近，如图 9.5(b)所示；随着轮缘厚度的增加，与内齿圈啮合的行星轮轮齿应力水平略有升高，且波动幅度逐渐平缓，如图 9.5(c)所示；与太阳轮啮合的行星轮轮齿，其应力历程曲线的变化趋势与太阳轮轮齿的相同，只是平均应力水平维持在 283 MPa 附近，如图 9.5(d)所示。同时，从图 9.5 中还可以发现，各个轮齿的应力值在相同的相位角处呈现出了明显的正相关性。此外，轮齿应力随着相位角变化而不同，即行星轮间的功率分流并不是均匀的，这主要是由于各个行星轮所处的相位点相对于刚性较大的齿圈支撑肋板和固定孔的周向位置不同，导致柔性内齿圈的弹性变形并不是周向对称的；随着轮缘厚度的增加，支撑肋板和固定孔所主导的这种效应会逐渐削弱，也使得行星间的功率分流逐渐均匀，轮齿应力波动幅度变得平缓。

采用正态分布将图 9.5 中的危险齿根应力数据点进行拟合，统计处理结果如图 9.6 所示。

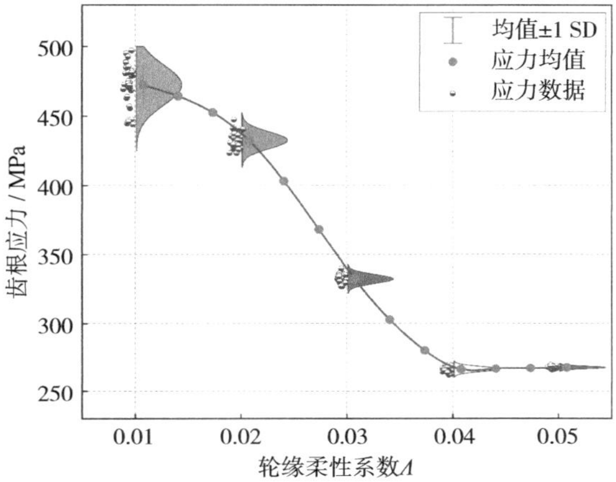

（a）内齿圈

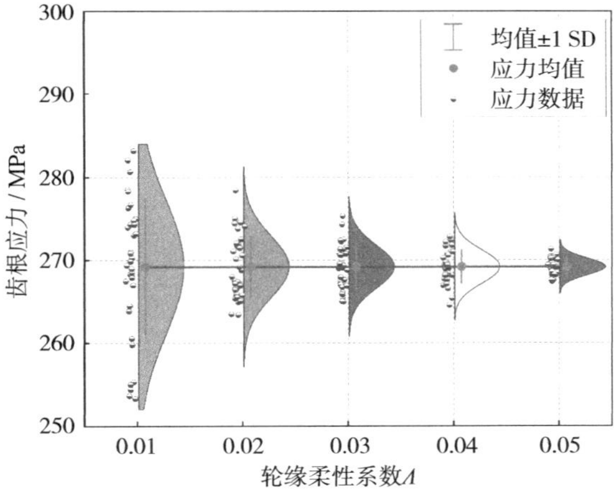

（b）太阳轮

图 9.6　危险齿根应力统计结果

由图 9.6 可知，内齿圈轮齿应力的均值和分散性随轮缘厚度的增加而逐渐减小，关系曲线变化趋势如图 9.6(a)所示。为了进一步提高曲线形态的精度，在原来的每两个轮缘柔性系数中间又分别等距地安插了两个数据点(在图中只表示了应力均值)，并采用样条曲线对应力均值点进行拟合。可以看出，在 $\Lambda=$

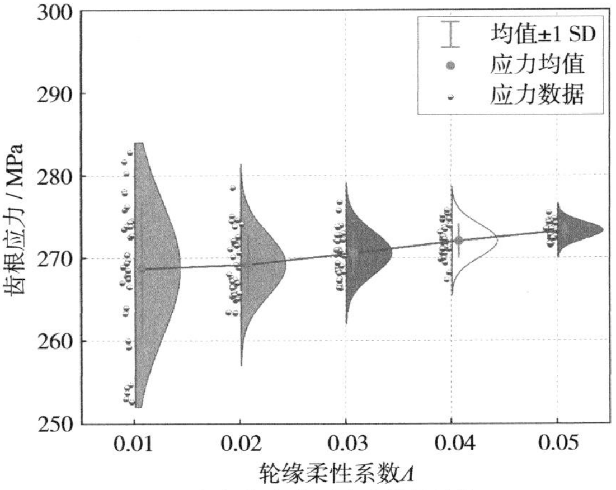

（c）与内齿圈啮合的行星轮

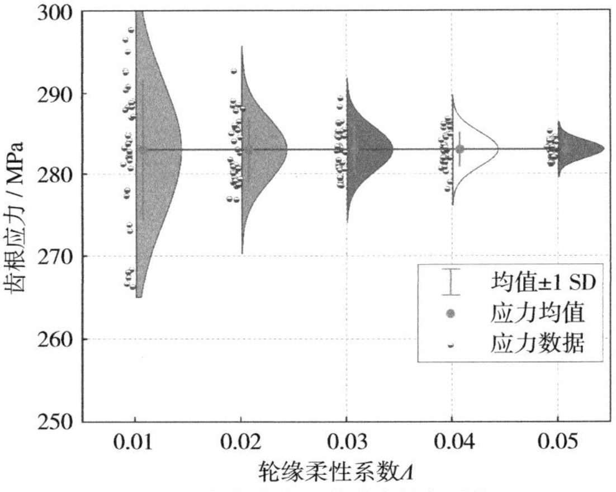

（d）与太阳轮啮合的行星轮

图 9.6 （续）

0.016 7～0.04 区间内应力均值的下降速度较快，在 $\Lambda=0.04$ 之后应力均值曲线趋于水平，但应力分散性仍在变化。从图 9.6(b)和图 9.6(d)中又可以看到，轮缘厚度的改变对太阳轮轮齿以及与太阳轮啮合的行星轮轮齿的应力均值没有影响，只是改变了应力的分散程度。这也说明了内齿圈轮缘柔性的变化确实可以改变太阳轮和与其啮合的行星轮对系统可靠性的贡献。在图 9.6(c)中，与内齿圈啮合的行星轮轮齿的应力均值随轮缘厚度的增加略微线性升高，这主要是轮缘厚度的这种变化导致了齿圈啮合刚度的增加，进而加剧了行星轮轮齿与齿圈啮合时的弯曲变形程度。结果表明，随着轮缘厚度的增加，各个齿轮的轮齿应力分散减小，这一规律具有共通性。最后，这些正态分布数据将直接用作系统可靠性评估模型的载荷输入变量。

9.3 轮齿概率强度拟合

9.3.1 齿轮与轮齿的寿命转换

在试验中对齿轮寿命进行定义，齿轮试样转动完整的一圈即为一次循环，所获得的循环次数为齿轮寿命。在测试过程中，一旦齿轮试样上的任意一个轮齿首先断裂，则试验机立即停止工作，由此获得的循环次数即是首断齿的寿命。在齿轮弯曲疲劳这种失效模式下，将整个齿轮看成是一个串联系统，那么轮齿则为这个串联系统里的潜在失效单元。任意一个轮齿失效，则齿轮失效，所以，首断齿的寿命即为齿轮的寿命。从概率的角度来看，齿轮上的齿数越多，潜在的失效环节就越多，因此，对于相同的应力水平和转数，齿轮失效的可能性随着齿数的增加而增加。

由于本书的可靠性评估模型需要使用轮齿的寿命分布数据作为强度输入变量，然而，前期试验得到的数据仅提供了特定齿轮寿命的信息，并未直接提供此处所需的轮齿寿命信息。因此，需要一个有效的方式来完成这两者之间的寿命数据转换。在正常工作条件下，轮齿的弯曲疲劳断裂通常从一个轮齿开始，然后蔓延到邻近的轮齿。因此，可将一个齿轮视为由若干轮齿组成的串联系统，其中任意一个轮齿的首次失效都将对整个齿轮的传动功能产生影响。基于此，我们可以利用最小次序统计量的概念来建立齿轮和轮齿之间的概率寿命关系。

任何一个轮齿的断裂都将导致齿轮传动功能的丧失，所以，齿轮的寿命与各个轮齿的最小寿命密切相关。因此，对于这种齿轮失效形式，可应用最小次序统计量的概念。假设 $X_1, X_2, \cdots, X_n$ 是来自母体 X 的样本，那么 $X_{\min} = \min(X_1, X_2, \cdots, X_n)$ 则为该母体的最小次序统计量。在齿根弯曲疲劳失效模式的寿命转换计算中应用这一概率模型，则齿轮的概率寿命等同于其轮齿概率寿命的最小次序统计量。齿轮与轮齿的关系如图 9.7 所示。

假设随机变量 X 的累积分布函数为 $F(x)$，$f(x)$ 为概率密度函数，则 X

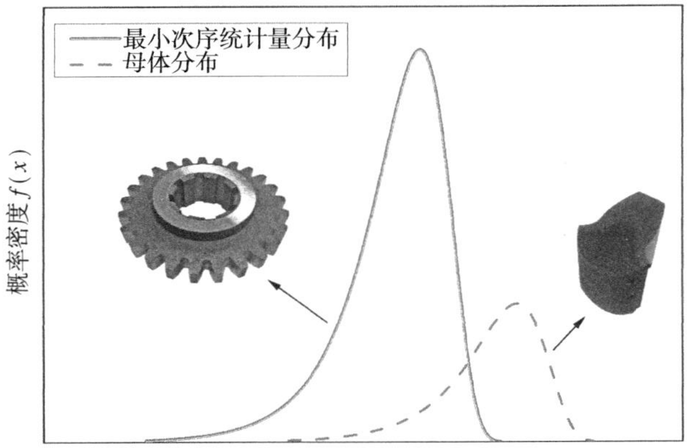

图 9.7　齿轮与轮齿的寿命分布关系

的最小次序统计量的概率密度函数可表示为：

$$g_{\min}(x)=z[1-F(x)]^{z-1}f(x) \tag{9-2}$$

若使用双参数威布尔分布函数来表达轮齿的概率寿命，其累积分布函数可表示为：

$$F(t)=1-\exp\left[-\left(\frac{t}{\theta}\right)^{\beta}\right] \tag{9-3}$$

其概率密度函数为：

$$f(t)=\frac{\beta t^{\beta-1}}{\theta^{\beta}}\exp\left[-\left(\frac{t}{\theta}\right)^{\beta}\right] \tag{9-4}$$

式中　β ——轮齿寿命分布的形状参数；

θ ——尺度参数。

将式(9-3)与式(9-4)代入式(9-2)并整理得：

$$g_{\min}(t)=\frac{\beta t^{\beta-1}}{(\theta/z^{1/\beta})^{\beta}}\exp\left[-\left(\frac{t}{\theta/z^{1/\beta}}\right)^{\beta}\right] \tag{9-5}$$

若齿轮上的齿数为 z，那么 $g_{\min}(x)$ 直接表示了齿轮寿命分布的概率密度函数。从函数的表达式可知，齿轮的概率寿命服从双参数威布尔分布，其形状参数、尺度参数分别为：

$$\begin{cases}\beta_{\text{Gear}}=\beta \\ \theta_{\text{Gear}}=\theta/z^{1/\beta}\end{cases} \tag{9-6}$$

在试验数据统计处理环节，首先使用双参数威布尔分布函数对各个应力等级下的齿轮寿命点进行概率分布拟合，随后利用式(9－2)进行齿轮与轮齿之间的概率寿命转化，统计结果如图 9.8 所示。

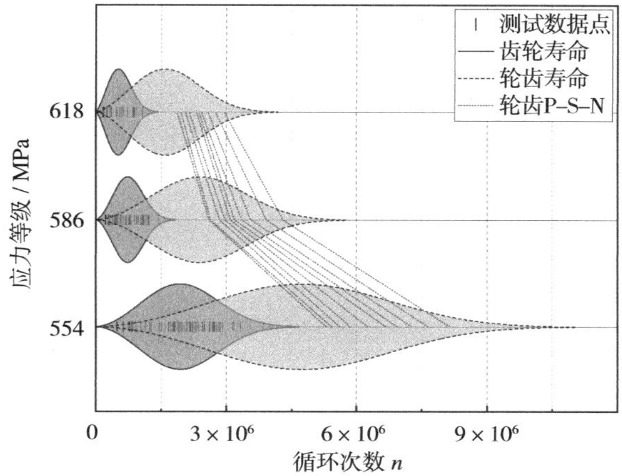

（a）线性坐标系

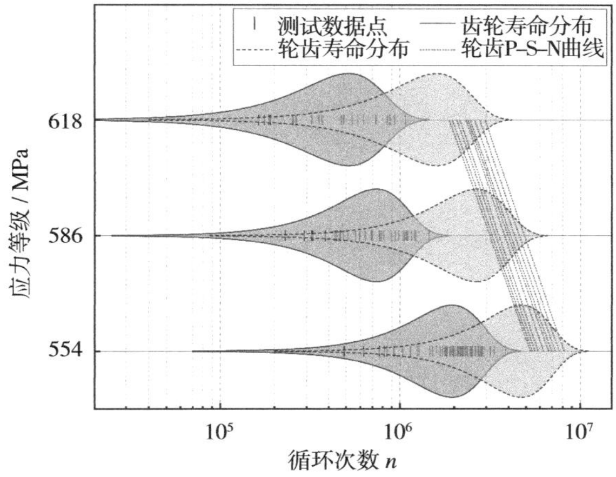

（b）单对数坐标系

图 9.8　实验数据的统计分析

如图 9.8(a)中的小提琴型概率密度曲线，曲线在横坐标方向上覆盖的区间越大，则代表数据的分散程度越大。连接各个应力等级下的轮齿寿命分布的相同概率分位点，可以得到用折线表示的轮齿弯曲疲劳 P－S－N 曲线。将上述概率分位数用最小二乘法在单对数坐标系(横坐标取对数 lg)中进行线性拟合，则能够得到线性相关性较高(R^2 大于 96%)的轮齿 P－S－N 曲线，如图 9.8(b)

所示。由此，再利用曲线外延法便可以获得其他应力等级下的轮齿寿命分布信息，这将为行星系统的可靠性评估模型提供直接的强度输入变量。

9.3.2 转换有效性验证

齿轮与轮齿之间的概率寿命关系是在最小次序统计量的概念下建立的，该转化方法理论上合理。但为保证可靠性预测结果准确性，需要对该方法的数值计算精度作相应的验证。

在齿轮弯曲疲劳试验环节中，若有一个轮齿发生断裂，则试验机停止工作，从而便可以获得一个轮齿失效的数据以及其他轮齿的截尾数据。利用最大似然估计法处理得到的随机截尾数据，即可得到轮齿的概率寿命。从而可进一步将这些数据与转化模型的轮齿寿命结果进行对比，以此验证转换是否合理。利用两参数威布尔分布表示疲劳寿命分布，其累积分布函数如式(9－3)所示，其中 β 和 θ 为待估参数。随机截尾数据可以被表示为 $(t_1,\delta_1),(t_2,\delta_2),\cdots,(t_n,\delta_n)$，其中，$t_i$ 为第 i 个试样的寿命数据。当 $\delta_i=1$ 时，t_i 为失效数据；当 $\delta_i=0$ 时，t_i 为截尾数据，则 β 和 θ 的似然函数如式(9－7)所示：

$$L(\beta,\theta)=\prod_{i=1}^{n}[f(t_i,\beta,\theta)]^{\delta_i}[1-F(t_i,\beta,\theta)]^{1-\delta_i} \tag{9-7}$$

$$\frac{1}{\beta}+\frac{\sum_{i=1}^{n}\delta_i\ln t_i}{\sum_{i=1}^{n}\delta_i}-\frac{\sum_{i=1}^{n}t_i^{\beta}\ln t_i}{\sum_{i=1}^{n}t_i^{\beta}}=0 \tag{9-8}$$

β 的最大似然估计为式(9－8)的根，可用牛顿迭代法进行求解。求得 β 后，利用式(9－9)求解 θ 的最大似然估计。

$$\theta=\left(\sum_{i=1}^{n}t_i^{\beta}\Big/\sum_{i=1}^{n}\delta_i\right)^{1/\beta} \tag{9-9}$$

在齿轮试验环节中，鉴于主动齿轮上的轮齿最先失效，选择将主动齿轮作为重点对象进行深入分析。每个试验齿轮齿数为 25，由此可得 1 个失效数据和 24 个截尾数据，这两个数据共同组成了轮齿寿命随机截尾数据，这些数据可供进一步进行寿命分析和预测。通过对最高应力等级的 23 个齿轮寿命数据进行分析，可以获得 23 个轮齿失效的具体数据，以及 552(23×24)个截尾数据。根据极大似然估计方法对数据进行处理分析，转化模型与随机截尾模型得到的轮齿寿命分布对比如图 9.9 所示。可以发现两条曲线高度重合，寿命均值相对误差为 6.76%，寿命标准差相对误差为 9.65%。由于随机截尾数据样本量较大，得到的统计结果更接近于真实值，该结果也表明，转化思想在行星齿轮传动系统的可靠性预测工作中具有显著的有效性。

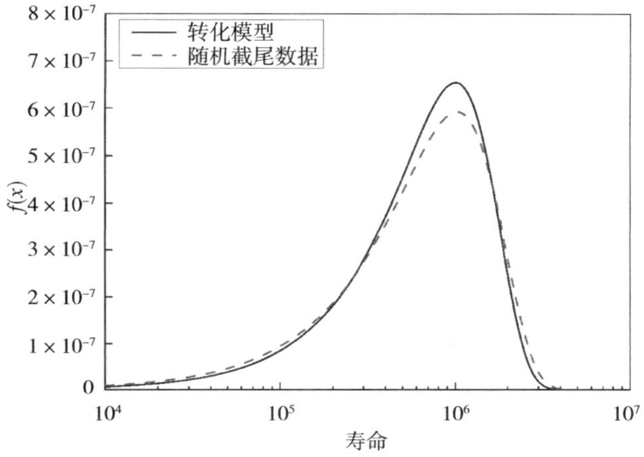

图 9.9　轮齿寿命的概率密度曲线对比

9.4　行星系统疲劳可靠性评估模型

9.4.1　应力-强度干涉

在机械可靠性工程中，应力-强度干涉模型被视为是最基本的分析方法之一。该模型的基本思想是：当零件的强度 S 大于应力 σ 时，零件被认为处于正常工作状态。反之，则可能导致失效。因此，理论上来说，零件正常工作的条件是其强度大于应力，这一条件可表示为：

$$S > \sigma \text{ 或 } S - \sigma > 0 \tag{9-10}$$

式中　S ——零件的强度；

σ ——零件中应力最大点的应力值(零件危险点的应力)。

确保零件的强度始终大于应力是确保机械系统可靠性和安全性的关键。在实际情况下，需要意识到强度和应力往往是随机变量，并按照统计规律分布在一定范围内。因此，简单地比较两个随机变量的大小是不合适的。在设计过程中，若要求零件的强度随机变量的最小值始终大于应力随机变量的最大值，可能会出现不经济甚至不切实际的情况。所以，在实际使用中，容许应力大于强度的情况以一定概率存在，而这个概率则取决于对零件可靠性的需求。因此，在设计阶段必须综合考虑零件的设计要求、制造成本以及可靠性要求，以达到最佳的设计方案。

图9.10为应力-强度干涉关系图，$h(\sigma)$ 和 $f(S)$ 分别表示应力和强度的概率密度函数，阴影部分为应力-强度干涉区。当应力均值小于强度均值时，即使存在略微干扰区域，通常机械零部件仍然允许存在，这表示存在一定的失效风险。根据应力与强度之间的关系，我们可以计算出可靠度，即强度大于应力的概率，这一传统模型被称为应力-强度干涉模型。

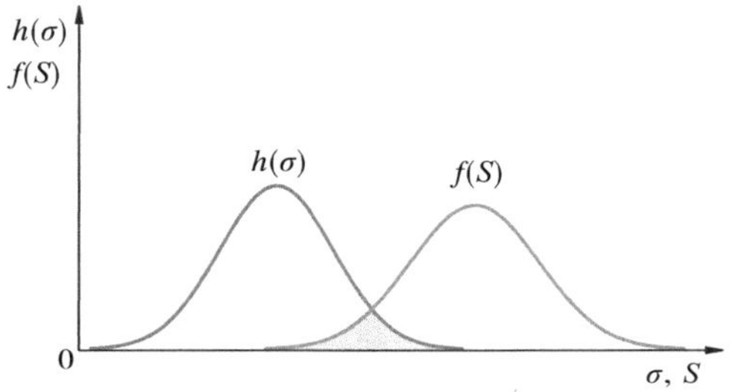

图9.10 应力-强度干涉关系图

9.4.2 零件疲劳可靠度计算的条件概率期望值算法

在研究疲劳可靠性评估模型时，传统的应力-强度干涉分析方法提供了一种有效的起点。然而，针对行星齿轮传动系统的需求，我们需要进一步拓展这一方法以提高其适用性和精确性。因此，本书提出了一种基于概率分布的条件概率期望值算法，以解决传统方法中未考虑的应力水平的概率分布和指定应力水平下的寿命分布等关键问题，为建立行星系统疲劳可靠性评估模型提供了数学基础。通过考虑不同的应力水平和寿命分布，能够更准确地评估行星系统零件的疲劳可靠性。

处理单次载荷作用引起的零件静态强度失效问题时，可以将可靠度视为应力的函数，并建立在特定应力条件下的可靠度模型，即以应力 σ 为条件，计算静强度 S 大于该应力的概率为：

$$\zeta(\sigma)=\int_{\sigma}^{\infty}f(S)\mathrm{d}S \tag{9-11}$$

式中　$f(S)$——静强度 S 的概率密度函数。

进一步地，能够反映随机载荷效应的零件静强度可靠度模型可表达为：

$$R = \int_{0}^{\infty} h(\sigma) \cdot \zeta(\sigma) \mathrm{d}\sigma \tag{9-12}$$

式中 $h(\sigma)$——应力 σ 的概率密度函数。

式(9－12)是传统的应力-强度干涉模型。从概率学角度来看，我们可以通过连续型随机变量的全概率计算原理对其进行深入理解。换句话说，式(9－12)可以被理解为随机函数 $\zeta(\sigma)$ 在随机变量 σ 的定义域上的数学期望，这是基于连续随机变量的总概率公式所得出的结论。

对于疲劳可靠性问题，如果想要直接获得指定寿命下的疲劳强度分布，从实验环节来说具有一定的挑战性。可根据上述拓展思维构造出直接基于寿命分布计算零件疲劳可靠度的数学表达形式。令 $\zeta(n,\sigma)$ 为指定应力水平下的条件疲劳可靠度函数，即在应力水平 σ 条件下，寿命 N 大于载荷循环数 n 的概率为：

$$\zeta(n,\sigma) = \int_{n}^{\infty} f(N \mid \sigma) \mathrm{d}N \tag{9-13}$$

式中 $f(N \mid \sigma)$——应力水平 σ 下的寿命概率密度函数。

相应地，在具有随机性的应力水平 σ 作用下，零件疲劳可靠度模型可表达为：

$$R(n) = \int_{0}^{\infty} h(\sigma) \cdot \zeta(n,\sigma) \mathrm{d}\sigma \tag{9-14}$$

利用式(9－14)便可直接计算随机恒幅循环载荷下的零件疲劳可靠度指标。

9.4.3 考虑失效相关性的串联系统疲劳可靠性评估模型

失效相关性和啮合时序性是影响行星系统疲劳可靠性特性的重要因素，在可靠性评估中如果不充分考虑这两个因素，将导致可靠性指标计算精度的显著下降。在行星系统中，每个轮齿的损坏都有可能对整个传动系统的性能产生影响。因此，可以将每一个轮齿视为潜在的失效单元，使得系统呈现出典型的串联系统特征。在传动过程中，轮齿承受的负载与系统输入功率密切相关，而同时受到负载相关性和负载随机性的影响，使得各个单元的失效并非独立发生。因此，不能简单地假定串联系统的可靠性等于各单元可靠性的乘积。

以条件概率期望值算法为基础，建立考虑构件间失效相关性的行星系统疲劳可靠性评估模型。首要考虑的是在确定性载荷作用下，系统中各零件的失效是相互独立的，这意味着串联系统的条件可靠度等于各零件条件可靠度的乘积。其次，在考虑系统层面上的载荷不确定性影响时，每个零件的失效都可能受到载荷不确定性的影响，因此系统中 r 个零件均不失效的概率，也即串联系统的疲劳可靠性评估模型为：

$$R_{\mathrm{SYS}}(n)=\int_0^{\infty} h_0(\sigma)\prod_{i=1}^{r}\left\{\int_n^{\infty} f_i[N \mid (s_i\sigma+\mu_i)]\mathrm{d}N\right\}\mathrm{d}\sigma \tag{9-15}$$

式中 h_0——标准正态分布概率密度函数；

$f_i[N \mid (s_i\sigma+\mu_i)]$——第 i 个零件在应力水平 $s_i\sigma+\mu$ 下的寿命概率密度函数。

该模型假设负载符合正态分布，通过将正态分布转换为标准正态分布来实现各个零件负载的标准化。这种方法使得模型能够在系统层面上描述负载随机性效应的影响，考虑了行星系统中齿轮轮齿单元之间的失效相关性问题。

9.4.4 考虑时序性特征的可靠性模型结构优化

构成行星系统的齿轮轮齿单元不是同时加载的，而是具有一定周期性的交替加载，在时域上表现出明显的啮合时序性特征。

根据行星轮系的周期性运转规律，推导行星传动运动学方程，从而确定相同时间段内任意齿轮的啮合频率，这种方法有助于评估系统疲劳可靠性模型，匹配时序特征属性。设太阳轮、行星轮、内齿圈以及行星架的绝对角速度分别为 ω_{S}、ω_{P}、ω_{R} 和 ω_{C}，它们之间的数学关系可表达为：

$$\begin{cases}\omega_{\mathrm{S}}=i_{\mathrm{SR}}^{\mathrm{C}}\cdot\omega_{\mathrm{R}}+i_{\mathrm{SC}}^{\mathrm{R}}\cdot\omega_{\mathrm{C}}\\ \omega_{\mathrm{R}}=i_{\mathrm{RS}}^{\mathrm{C}}\cdot\omega_{\mathrm{S}}+i_{\mathrm{RC}}^{\mathrm{S}}\cdot\omega_{\mathrm{C}}\\ \omega_{\mathrm{C}}=i_{\mathrm{CS}}^{\mathrm{R}}\cdot\omega_{\mathrm{S}}+i_{\mathrm{CR}}^{\mathrm{S}}\cdot\omega_{\mathrm{R}}\\ \omega_{\mathrm{P}}=i_{\mathrm{PC}}^{\mathrm{R}}\cdot\omega_{\mathrm{C}}+i_{\mathrm{PR}}^{\mathrm{C}}\cdot\omega_{\mathrm{R}}\end{cases} \tag{9-16}$$

式中 $i_{\mathrm{ab}}^{\mathrm{c}}$——构件 a 与构件 b 分别相对于构件 c 的相对转速之比，即 $i_{\mathrm{ab}}^{\mathrm{c}}=\dfrac{\omega_{\mathrm{a}}-\omega_{\mathrm{c}}}{\omega_{\mathrm{b}}-\omega_{\mathrm{c}}}$。

行星轮系的运动学方程可根据式(9－16)推导出：

$$
\begin{cases}
\omega_S + p\omega_R - (1+p)\omega_C = 0 \\
\omega_R + \dfrac{1}{p}\omega_S - \dfrac{1+p}{p}\omega_C = 0 \\
\omega_C - \dfrac{1}{1+p}\omega_S - \dfrac{p}{1+p}\omega_R = 0 \\
\omega_P - \dfrac{1+p}{1-p}\omega_C + \dfrac{2p}{1-p}\omega_R = 0
\end{cases}
\tag{9-17}
$$

式中　p——行星轮系的运动学特征参数，是内齿圈与太阳轮齿数的比值，即 $p=\dfrac{z_R}{z_S}$。

通过式(9-17)可以得到太阳轮、行星轮和内齿圈相对于行星架的相对角速度，在此基础上，可以进一步推导出相同时间段内各齿轮上任意一个齿的啮合次数。运动学参数如表9.1所示。其中，正、负号表示零件的旋转方向相反，k_P 为系统中的行星轮数量，系统输入转速 ω_S 为已知条件，$n_{PS}(t)$ 为行星轮单齿与太阳轮在时间间隔 t 内的啮合次数，其他相关参量解释类同。

表9.1　行星齿轮组的运动学参数

构件	角速度	相对角速度	单齿啮合次数
太阳轮	ω_S	$\dfrac{p}{1+p}\omega_S$	$n_S(t)=\dfrac{p\cdot\omega_S\cdot t\cdot k_P}{1+p}$
行星轮	$\dfrac{1}{1-p}\omega_S$	$\dfrac{2p}{1-p^2}\omega_S$	$n_{PS}(t)=n_{PR}(t)=\dfrac{2p\cdot\omega_S\cdot t}{p^2-1}$
内齿圈	0	$-\dfrac{1}{1+p}\omega_S$	$n_R(t)=\dfrac{\omega_S\cdot t\cdot k_P}{1+p}$
行星架	$\dfrac{1}{1+p}\omega_S$	0	—

通过将表9.1中的单齿啮合次数参数代入到式(9-15)中，得到不同类型齿轮的齿轮单元条件疲劳可靠度计算因子 ζ，并构建了一个综合考虑失效相关性和啮合时序性的行星系统疲劳可靠性评估模型 $R_{SYS}(t)$ 为：

$$\begin{cases} \zeta_{S} = \int_{n_{S}(t)}^{\infty} f_{S}[N \mid (s_{S}\sigma + \mu_{S})] dN \\ \zeta_{PS} = \int_{n_{PS}(t)}^{\infty} f_{PS}[N \mid (s_{PS}\sigma + \mu_{PS})] dN \\ \zeta_{PR} = \int_{n_{PR}(t)}^{\infty} f_{PR}[N \mid (s_{PR}\sigma + \mu_{PR})] dN \\ \zeta_{R} = \int_{n_{R}(t)}^{\infty} f_{R}[N \mid (s_{R}\sigma + \mu_{R})] dN \end{cases} \tag{9-18}$$

$$R_{SYS}(t) = \int_{0}^{\infty} h_{0}(\sigma) \cdot \zeta_{S}^{z_{S}} \cdot (\zeta_{PS} \cdot \zeta_{PR})^{k_{P} \cdot z_{P}} \cdot \zeta_{R}^{z_{R}} d\sigma \tag{9-19}$$

9.5 齿圈轮缘厚度与行星系统疲劳可靠性的映射关系

9.5.1 疲劳可靠度计算

将仿真分析得到的载荷输入变量和疲劳试验得到的强度输入变量代入式(9-18)，计算直升机在最大起飞功率模式下行星系统运行 2 000 min 的疲劳可靠性值。通过控制有限元仿真模型中内齿圈的轮缘厚度参数，重复上述计算过程，即可得到轮缘柔性系数 Λ 与系统可靠性 R 之间关系的离散点。然后用傅立叶级数对这些点进行拟合，得到 $\Lambda - R$ 的函数关系[式(9-20)]，其相应参数如表 9.2 所示。

$$\begin{aligned} R(\Lambda) = & a_{0} + a_{1} \cdot \cos(\Lambda \cdot w) + b_{1} \cdot \sin(\Lambda \cdot w) + \\ & a_{2} \cdot \cos(2 \cdot \Lambda \cdot w) + b_{2} \cdot \sin(2 \cdot \Lambda \cdot w) + \\ & a_{3} \cdot \cos(3 \cdot \Lambda \cdot w) + b_{3} \cdot \sin(3 \cdot \Lambda \cdot w) \end{aligned} \tag{9-20}$$

表 9.2　系数值和 95%置信边界

系数	选取值	下限值	上限值
a_0	0.609 6	−0.152 9	1.372 0
a_1	−0.499 2	−1.343 5	0.345 1
b_1	0.279 5	−1.386 6	1.945 6
a_2	0.123 0	−0.901 5	1.147 5
b_2	0.248 4	−0.574 7	1.071 5

表9.2(续)

系数	选取值	下限值	上限值
a_3	0.142 5	−0.185 9	0.470 9
b_3	−0.032 0	−0.572 5	0.508 4
w	52.359 9	19.230 3	85.489 4

关系曲线拟合结果如图 9.11 所示，在图 9.11 中，也给出了柔性系数 Λ 与内齿圈质量的关系曲线，可以看出两者之间基本是简单的线性关系，而 $\Lambda-R$ 曲线的变化规律则要复杂得多。在系统可靠性和齿圈柔性之间，在 $\Lambda=0.018\sim0.041$ 范围内显示出显著的线性相关性。通过 $\Lambda=0.041$ 点后，该曲线的增长率开始放缓，表明增大齿圈厚度对系统可靠性的改善作用在此开始减弱。从图中还可以看出，随着轮缘厚度的增加，曲线无限靠近水平线，可靠度为 99.98%，这是齿圈在全刚度条件下获得的系统可靠度的上限。这个极限的大小是由该行星系统的结构尺寸、支撑条件、载荷水平以及其他参数[包括式(9-3)、式(9-5)、式(9-6)、式(9-11)、式(9-13)、式(9-19)]的组合决定的。

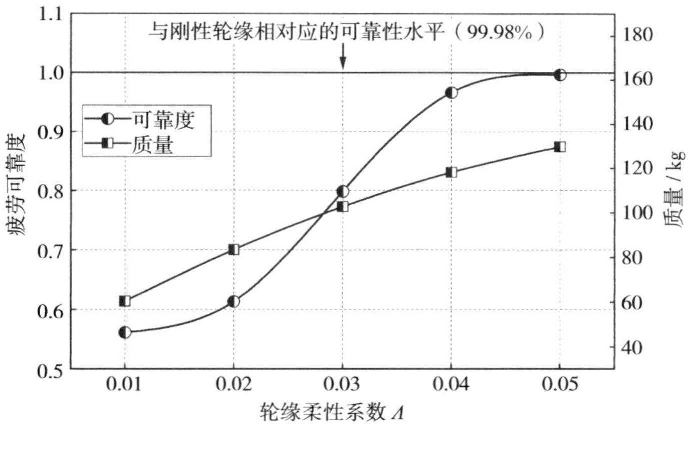

图 9.11　行星系统疲劳可靠性计算结果

由于本书考虑的因素还不够全面，从相对保守的角度来看，由 $\Lambda-R$ 曲线确定的齿圈厚度应该是一个下限值。对于这种实际的行星系统设计方案，可以根据其具体的可靠性指标要求计算最小齿圈缘厚度。如果轮缘厚度小于此值，则由于内齿圈的结构问题，系统可靠性可能无法得到保证。

9.5.2　典型部件对系统疲劳可靠性影响分析

在齿轮参数已经标定的前提下，考虑整个行星系统的弹性变形、啮合错位等非线性力学行为，进一步分析内齿圈轮缘厚度与行星架基板厚度对行星轮系疲劳可靠性的影响规律。基于上述可靠性计算方法对大型航空行星机构的关键几何特征进行再设计，筛选系统中大型薄壁件的可靠性敏感结构要素并执行多目标尺寸优化分析。以系统额定工况作为仿真模型的载荷边界条件，在可靠性分析过程中忽略了载荷的不确定性效应，因此式(9－19)中的载荷分布函数将以确定的齿根应力峰值的形式给出。通过仿真分析可知，内齿圈轮缘与行星架对行星轮系起着主要的支承作用，其核心结构参数在很大程度上决定了整个行星轮系的啮合质量。其中，内齿圈轮缘刚度不足会导致其轮齿弯曲变形过大，行星架基板刚度不足会使行星销轴产生严重偏斜，这些设计缺陷都会增加行星轮系发生疲劳断齿的风险，相应的尺寸如图 9.12 所示。

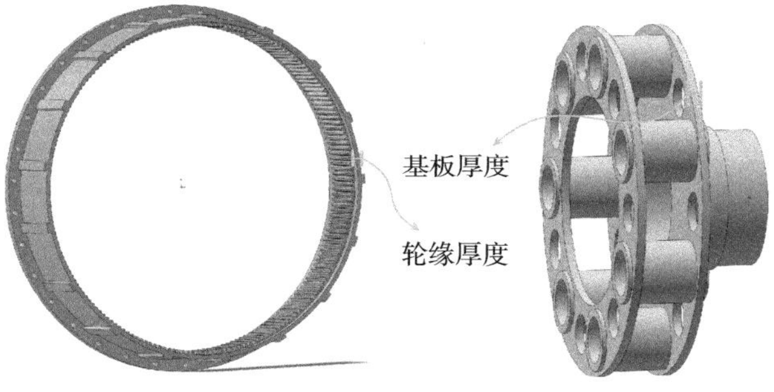

图 9.12　系统性能指标的敏感性尺寸

这两个尺寸特征都是大型航空行星装备轻量化设计中的核心因素，其尺寸增长对行星机构的重量贡献率较大。因此，以轮缘厚度与基板厚度作为设计变量，基于上述提出的可靠性分析与计算方法，在复杂的系统弹性行为耦合机制下，寻求共同满足可靠性与轻量化指标要求的轮缘厚度与基板厚度的最佳刚度匹配结果是有必要的。

内齿圈与行星架的弹性变形结果与行星轮系的可靠度结果展示在图 9.13 中，图中共计算了 30 个数据点，内齿圈轮缘厚度在 10～35 mm 范围内取点 6 个，点间隔为 5 mm；行星架基板厚度在 12～36 mm 范围内取点 5 个，点间隔为 6 mm，分别记作 BPT12、BPT18、BPT24、BPT30、BPT36。随着内齿圈轮缘厚度的增加，其弹性变形量逐渐减小，从图 9.13(a)中可以发现，当轮缘厚度达到 25.3 mm 时最大节点合位移量几乎不再下降，说明了在该极限值处通过增加轮缘尺寸所提升的内齿圈刚度储备已不能得到有效利用；同时，内齿圈的弹性变形响应在一定程度上还受到行星架基板尺寸的影响，在相同的轮缘厚度下，内齿圈变形量随基板厚度的增加而略微减小，说明了行星架基板增厚引起的系统刚度条件改善对内齿圈的力学环境产生了良性作用。

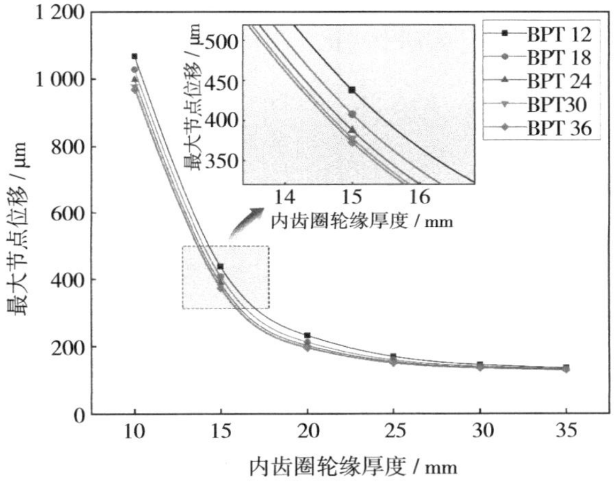

(a) 内齿圈弹性变形曲线

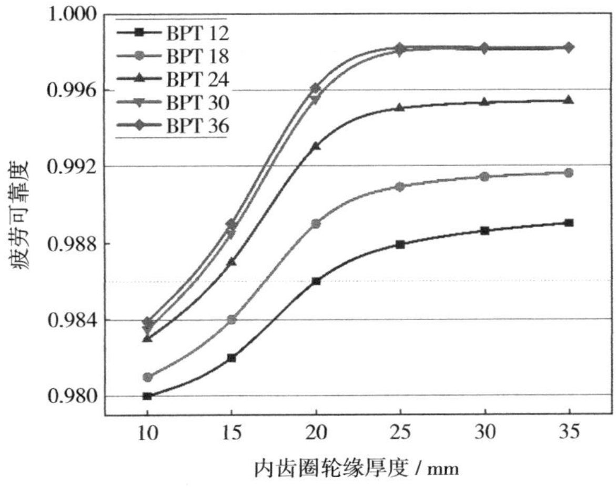

(b) 系统可靠性增长曲线

图 9.13 弹性变形与可靠性结果

图 9.13(b)展示了行星轮系的疲劳可靠性指标在轮缘尺寸与基板尺寸共同影响下的变化规律。随着内齿圈轮缘厚度的增加,系统可靠度将不断增长,当轮缘厚度值达到 22.5 mm 时可靠度增长乏力;同时,系统可靠度还随着行星架基板厚度的增加而提高,并在其厚度值达到 30.5 mm 时出现增长乏力现象。该图中的可靠度曲线结果反映了轮缘与基板尺寸对系统可靠性的耦合影响机制,在轮缘厚度 10～22.5 mm 的变化范围内,随着行星架基板厚度的增加,各条可靠性曲线的增长率也在不断提高,表明了在一定范围内,尺度增长在优化系统可靠性指标上具有相互促进作用。

9.5.3 齿圈轮缘厚度优化设计

(1) 优化目标函数的确定

基于上述可靠性计算方法对大型航空行星机构的关键几何特征进行再设计,筛选系统中大型薄壁件的可靠性敏感结构要素并执行多目标尺寸优化分析。内齿圈轮缘厚度是大型航空行星装备轻量化设计中的核心因素,其尺寸增长对行星机构的重量贡献率较大。为此,基于本书提出的可靠性分析与计算方法,在复杂的系统弹性行为耦合机制下,以轮缘厚度作为设计变量,将系统可靠度与内齿圈质量作为优化目标,寻求满足可靠性与轻量化指标要求的轮缘厚度的最佳刚度匹配结果。

由于齿圈厚度在 30 mm 之后系统的可靠性增长率较低,因此在优化设计环节,将 30 mm 作为齿圈的上限值。利用 MATLAB 编程分别得到轮缘厚度与可靠度的拟合多项式 $F_1(x)$ 以及轮缘厚度与内齿圈质量的拟合多项式 $F_2(x)$。由于轮缘厚度的增加,行星架整体质量与系统可靠度都呈上升趋势,为方便优化算法的选择,目标函数 $F_1(x)$ 改写为:

$$F_1(x)=4.519\times10^{-5}x^3+0.000\,657\,1x^2-0.163\,6x-96.8 \tag{9-21}$$

$$F_2(x)=0.004\,64x^2+4.53x+19.1 \tag{9-22}$$

式中 x——齿圈的轮缘厚度,且 $1\leqslant x\leqslant30$,单位为 mm。

利用式(9-21)得到的数值为负数,将其定义为可靠度的相反数。这样一来,优化目标函数 $F_1(x)$ 与 $F_2(x)$ 不能同时达到最小,就不存在解能使得目标函数 $F_1(x)$ 与 $F_2(x)$ 同时最优,存在的只有均衡优化目标的帕累托最优解集。利用式(9-18)得到的数值为负数,将其定义为可靠度的相反数。

(2) 多目标优化结果

NSGA-Ⅱ(Nondominated Sorting Genetic Algorithm Ⅱ)是一种有效地解

决非线性优化问题的遗传算法，成功地克服了传统多目标优化方法(如加权求和法、线性规划法、约束法等)在缺乏经验情况下效果不佳甚至失效的问题。通常情况下，算法性能的关键在于交叉概率和变异概率的选择。NSGA-Ⅱ算法具体优化过程如图 9.14 所示，NSGA-Ⅱ算法采用了较高的交叉概率(0.9)以及适度的变异概率(0.1)，这一设置能够保证种群在每一代都能够保持一定的多样性，同时避免了过早收敛到局部最优解的情况。此外，使用了较高的交叉分布指数(20)和变异分布指数(20)，这有助于增加种群的多样性，促进搜索空间的探索，种群数量为 200，迭代数为 200。这样的设定使得 NSGA-Ⅱ算法能够在较少的迭代次数内找到理想的帕累托最优解集。MATLAB 编程的应用使得对 NSGA-Ⅱ的实现更加简便，可以快速求解出多目标优化问题的最优解集，为工

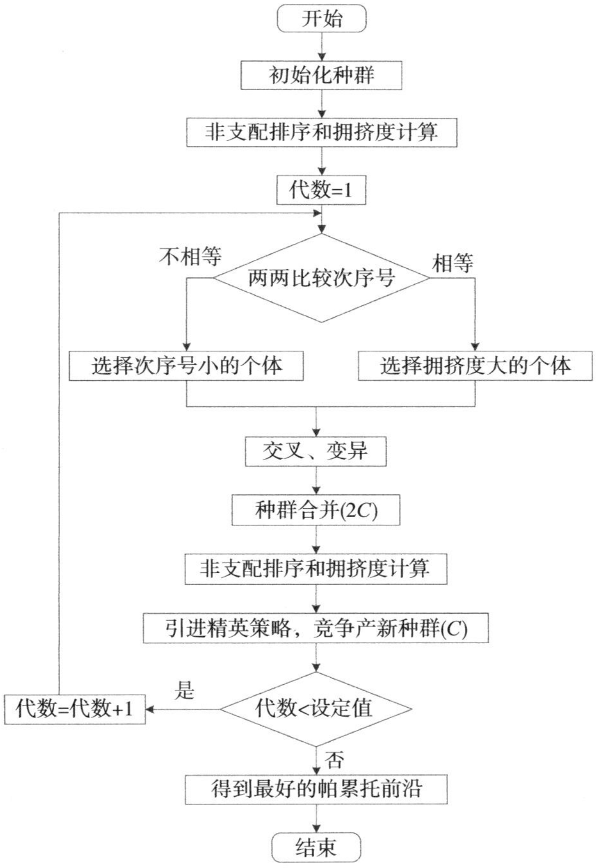

图 9.14　NSGA-Ⅱ遗传算法流程图

程和科学领域的实际应用提供了有效的工具和方法。利用 MATLAB 编程求出帕累托最优解集如图 9.15 所示。

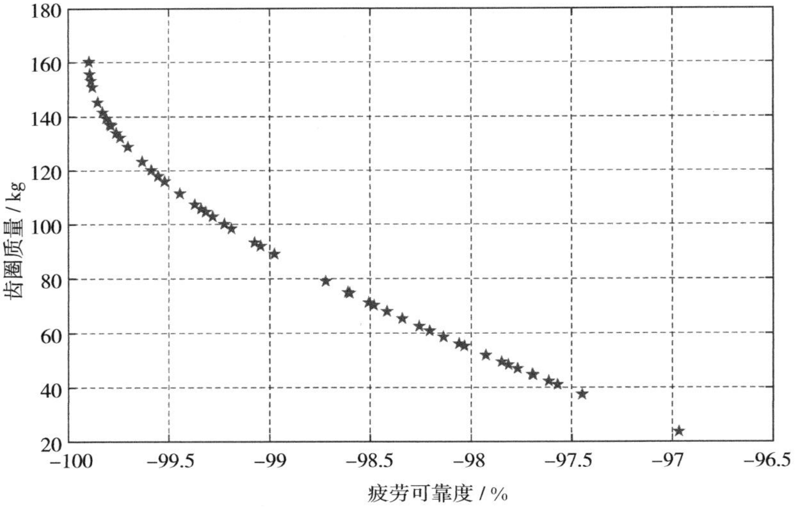

图 9.15　帕累托最优解集的结果

由帕累托最优解集合结果得到的内齿圈质量和疲劳可靠性指标在轮缘厚度影响下的变化规律如图 9.16(a)所示。齿圈的弹性变形结果以及行星齿轮系统的可靠性结果如图 9.16(b)所示。随着齿圈厚度的增加，其弹性变形逐渐减小，从图 9.16(b)可以看出，当齿圈厚度达到 22.5 mm 时，最大节点合成位移几乎停止减小。说明增大轮缘厚度所提高的齿圈刚度储备在该极限值下不能再得到有效利用。

随着齿圈厚度的增加，系统的可靠度在不断提高，同时弹性变形不断减小。这表明齿圈的规模增长对系统可靠性指标的优化具有相互促进的作用。然而，随着大型航空行星系统性能要求的不断提高，质量成为限制行星机构指标提高的重要因素。在追求可靠性和弹性变形最佳的同时，不断增加轮缘厚度将无法满足航空装备系统轻量化的特殊要求。

综合分析图 9.16 可知，当轮缘厚度超过 24 mm 后，可靠性增长十分乏力，同时，考虑到齿圈的静强度要求，最终进一步在 24～30 mm 范围内确定该大型航空行星机构内齿圈的轮缘厚度最佳匹配值。轮缘厚度在 22.5～30 mm 范围内的帕累托解集合如表 9.3 所示。从表 9.3 可知，系统可靠度增长率在

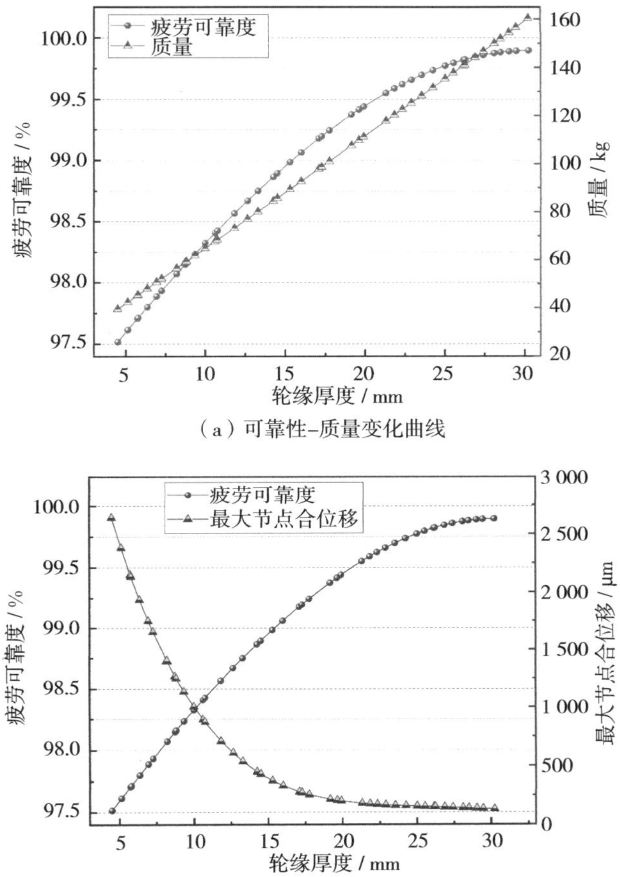

（a）可靠性-质量变化曲线

（b）可靠性-最大节点合位移变化曲线

图 9.16　弹性变形与可靠性结果

0.023%以内，此时要提高系统的可靠性将十分艰难。设计过程中设计人员在确定该大型航空行星机构中的齿圈关键结构尺寸最佳匹配值时，可从可靠度增长率、内齿圈与行星架的静强度要求、最大节点位移和齿圈质量等相关方面综合考量。表 9.3 以及图 9.16 中系统的弹性变形变化曲线可为设计人员提供相应的参考数据。

表 9.3　Pareto 最优解集的解

轮缘厚度/mm	可靠度/%	质量/kg	最大节点合位移/μm
24.26	99.774	131.72	161.2

表9.3(续)

轮缘厚度/mm	可靠度/%	质量/kg	最大节点合位移/μm
25.02	99.797	135.33	157.7
25.54	99.821	137.80	155.4
26.13	99.844	140.73	152.7
26.24	99.881	141.14	152.3
26.87	99.890	144.10	149.4
27.41	99.891	146.74	146.8
28.08	99.892	149.97	143.4
28.48	99.893	151.88	141.3
29.01	99.894	154.44	138.4

9.6 本章小结

为了分析齿圈轮缘柔性对行星系统疲劳可靠性的影响及机理，在应力-强度干涉理论框架下，基于全概率计算原理，建立了考虑失效相关性和啮合时序性的系统可靠性评估模型。通过准静态弹性行为仿真分析和齿轮弯曲疲劳强度仿真试验，分别为可靠性模型提供了载荷和强度输入变量，建立了齿圈轮缘厚度与行星系统疲劳可靠性的映射关系。具体结论如下：

① 内齿圈轮缘径向大变形区出现在齿圈与行星齿轮的啮合位置，由于支撑肋板刚度较高，当大变形区位于支撑肋板位置时，其径向位移幅值减小，支撑肋板的影响也破坏了内齿圈变形行为的旋转对称性；行星架的弹性行为具有一定程度的旋转对称性，行星架的弹性变形会导致各行星销在多个方向上发生偏转，从而影响行星系统中各齿轮副的载荷分布和应力水平。

② 齿圈的轮缘柔性会显著影响内齿圈-行星轮齿轮副的危险齿根应力历程的平均水平，而对行星轮-太阳轮的这种影响较小。此外，随着轮缘厚度的减小，齿圈沿周向均匀分布的刚性支承会破坏轮缘弹性变形和行星轮公转轨迹在环向上的对称性，导致内齿圈-行星轮齿轮副、行星轮-太阳轮两种齿轮副的危险齿根应力历程曲线出现明显波动，由此产生的载荷分散性成为降低行星系统疲劳可靠性水平的一种主要因素。

③ 用最小次序统计量模型可以很好地描述齿轮疲劳断齿的失效逻辑，以此实现齿轮与轮齿之间的概率寿命转化。由此获得的轮齿 P－S－N 曲线将具有

较高的线性相关性($R^2 \geqslant 96\%$)。这种数据联合统计方法能够为行星系统的疲劳可靠性评估提供经济、可靠的强度信息。

④ 在应力-强度干涉理论框架下,基于全概率公式原理,建立了失效相关性和啮合时序性的数学表达式,最终构建了行星系统疲劳可靠性评估模型。同时,建立齿圈轮缘厚度与行星系统疲劳可靠性的映射关系,为大型航空齿圈结构优化设计提供必要的数学关系条件。可靠性计算结果表明,增大齿圈厚度可以改善系统可靠性,但可靠度的增长存在上限。齿圈在全刚度条件下获得的系统可靠度的上限为 99.98%。这个极限的大小是由该行星系统的结构尺寸、支撑条件、载荷水平以及其他参数组合决定的。从相对保守的角度来看,本书 $\Lambda-R$ 曲线确定的齿圈厚度应该是一个下限值,对于这种实际的行星系统设计方案,可以根据其具体的可靠性指标要求计算最小齿圈轮缘厚度。如果轮缘厚度小于此值,则由于齿圈的结构问题,系统可靠性可能无法得到保证。

参 考 文 献

[1] YIN Z Y, FU B B, XUE T B, et al. Development of helicopter power transmission system technology[J]. Applied mechanics and materials, 2011, 86: 1-17.

[2] LI M, LUO Y, XIE L Y. Fatigue reliability design method for large aviation planetary system considering the flexibility of the ring gear[J]. Applied sciences, 2022, 12(20): 10361.

[3] LI M, XIE L Y, DING L J. Load sharing analysis and reliability prediction for planetary gear train of helicopter[J]. Mechanism and machine theory, 2017, 115: 97-113.

[4] XUE H L, LIU G, YANG X H, et al. Key technologies research of helicopter transmissions [J]. Applied mechanics and materials, 2015, 743: 55-60.

[5] 李铭，罗源，谢里阳. 基于层级有限元法的大型航空行星机构可靠性优化设计[J]. 机械工程学报，2023，59(1)：59-70.

[6] QIU X H, HAN Q K, CHU F L. Load-sharing characteristics of planetary gear transmission in horizontal axis wind turbines[J]. Mechanism and machine theory, 2015, 92: 391-406.

[7] LI T F, ZHAO Z B, SUN C, et al. Adaptive channel weighted CNN with multisensor fusion for condition monitoring of helicopter transmission system[J]. IEEE sensors journal, 2020, 20(15): 8364-8373.

[8] HSIAO C Y L, SHENG N, FU S Z, et al. Evaluation of contagious effects of China's wind power industrial policies [J]. Energy, 2022, 238: 121760.

[9] ZHANG X, ZHONG J X, LI W, et al. Nonlinear dynamic analysis of high-speed gear pair with wear fault and tooth contact temperature for a wind turbine gearbox[J]. Mechanism and machine theory, 2022, 173: 104840.

[10] LI M, LUO Y, XIE L Y, et al. Fatigue reliability assessment

method for wind power gear system based on multidimensional finite element method[J]. Proceedings of the Institution of Mechanical Engineers, Part O: Journal of risk and reliability, 2024, 238(3): 540 - 558.

[11] BHARDWAJ U, TEIXEIRA A P, SOARES C G. Reliability prediction of an offshore wind turbine gearbox[J]. Renewable energy, 2019, 141: 693 - 706.

[12] DING F F, TIAN Z G, ZHAO F Q, et al. An integrated approach for wind turbine gearbox fatigue life prediction considering instantaneously varying load conditions[J]. Renewable energy, 2018, 129: 260 - 270.

[13] CHEN Y M, JIN X, LIU H, et al. Large scale wind turbine TMD optimization based on Blade-Nacelle-Tower-Foundation coupled model[J]. Ocean engineering, 2021, 239: 109764.

[14] WANG S Y, ZHU R P, XIAO Z M. Investigation on crack failure of helical gear system of the gearbox in wind turbine: Mesh stiffness calculation and vibration characteristics recognition[J]. Ocean engineering, 2022, 250: 110972.

[15] 中国机械工程学会. 中国机械工程技术路线图(2021 版)[M]. 北京: 机械工业出版社,2022.

[16] 国务院. 国务院关于印发《中国制造 2025》的通知[EB/OL]. (2015 - 5 - 19)[2023 - 5 - 7]. https://www.gov.cn/zhengce/zhengceku/2015-05/19/content_9784.htm.

[17] 中国机械工业质量管理协会. 关于印发《机械工业"十四五"质量管理规划纲要》的通知[EB/OL]. https://wap.miit.gov.cn/jgsj/kjs/jscx/zlpp/art/2021/art_52f2a180d3d64a2eb6f135ea3b4a8dd2.html.

[18] 吴波. 齿轮可靠性模型及其可靠度计算[J]. 齿轮,1988,12(6):11 - 14,43.

[19] 孙淑霞,田芳,顾宏民. 齿轮传动的可靠性优化设计[J]. 机械设计与制造, 2001(5):3 - 4.

[20] 孙淑霞,孙志礼,李良巧,等. 基于威布尔分布和极限状态理论的齿轮传动可靠性设计[J]. 组合机床与自动化加工技术,2007(7):11 - 13.

[21] 游世辉,曾德长,冯云华. 用 Taylor 展开随机无网格点插值法分析齿轮的可靠性[J]. 机械设计与研究,2006,22(2):50 - 52.

[22] 吴上生,段福海,胡青春.系统参数配置对多级行星齿轮传动可靠性的影响[J].机械设计，2007,24(10):43-46.

[23] 张利辉.基于Kriging模型的球磨机齿轮传动可靠性优化设计[D].长春:吉林大学,2007.

[24] 王安麟,蒋涛,昝鹏宇,等.大型行星齿轮系统可靠性设计的多目标优化[J].中国工程机械学报，2009，7(3):253-257.

[25] 徐宇豪.Kriging模型在可靠性及可靠性优化设计中的应用研究[D].沈阳:东北大学,2019.

[26] 禹蓁仪,赵守智,于宏.航天器用直齿圆柱齿轮可靠性设计优化[J].科技创新导报,2018,15(10):132-134.

[27] 黄鼐.2.5 MW风电齿轮传动系统可靠性设计[D].杭州:浙江理工大学,2019.

[28] 王春华,郭月,姜宗帅.基于改进粒子群算法的行星齿轮传动多目标可靠性优化设计[J].机械强度,2018,40(6):1364-1370.

[29] 杨鹏.基于MCTS的NGWN行星减速器可靠性设计[D].西安:西安科技大学,2018.

[30] 李想.风力发电机组齿轮传动系统可靠性分析与优化[D].重庆:重庆大学,2020.

[31] 王纯,韩加好,吉庆.基于改进粒子群算法的齿轮传动优化设计研究[J].机电工程,2021,38(2):239-244.

[32] 和鹏.消隙齿轮的动力学特性及其可靠性分析方法研究[D].长春:长春工业大学,2022.

[33] SAVAGE M, PARIDON C A, COY J J. Reliability model for planetary gear trains[J]. Journal of mechanical design, 1983, 105(3):291-297.

[34] SAVAGE M, BRIKMANIS C K. System life and reliability modeling for helicopter transmissions[M]. Cleveland: Lewis Research Center, 1986.

[35] RAO S S, TJANDRA M. Reliability-based design of automotive transmission systems[J]. Reliability engineering and system safety, 1994, 46(2): 159-169.

[36] ZHANG G Y, WANG G Q, LI X F, et al. Global optimization of reliability design for large ball mill gear transmission based on the Kriging model and genetic algorithm[J]. Mechanism and machine theory, 2013, 69:

321 - 336.

[37] ZHOU D, ZHANG X F, ZHANG Y M. Dynamic reliability analysis for planetary gear system in shearer mechanisms[J]. Mechanism and machine theory, 2016, 105:244 - 259.

[38] LI H X, CHO H, SUGIYAMA H, et al. Reliability-based design optimization of wind turbine drivetrain with integrated multibody gear dynamics simulation considering wind load uncertainty[J]. Structural and multidisciplinary optimization, 2017, 56(1):183 - 201.

[39] SUN W, LI X, WEI J. An approximate solution method of dynamic reliability for wind turbine gear transmission with oarameters of uncertain distribution type[J]. International journal of precision engineering and manufacturing, 2018, 19(6):849 - 857.

[40] LI M Y, WANG Z Q. Surrogate model uncertainty quantification for reliability-based design optimization[J]. Reliability engineering and system safety, 2019, 192: 106432.

[41] TONG C, TIAN Z. Optimization design of gear reducer based on multi-attribute decision making and reliability sensitivity[J]. IOP conference series: materials science and engineering, 2020, 711: 012045.

[42] CUI D, WANG G Q, LU Y P, et al. Reliability design and optimization of the planetary gear by a GA based on the DEM and Kriging model[J]. Reliability engineering and system safety, 2020, 203: 107074.

[43] CHEN J J, LI W, SHENG L C, et al. Study on reliability of shearer permanent magnet semi-direct drive gear transmission system[J]. International journal of fatigue, 2020, 132: 105387.

[44] YANG M D, ZHANG D Q, CHENG C, et al. Reliability-based design optimization for RV reducer with experimental constraint[J]. Structural and multidisciplinary optimization, 2021, 63(4): 2047 - 2064.

[45] JIANG S, LI W, XIN G F, et al. Study on dynamic reliability of permanent magnet gear transmission system with wear and failure correlation [J]. Engineering failure analysis, 2022, 131: 105802.

[46] GUAN X L, MELCHERS R E. Effect of response surface parameter variation on structural reliability estimates[J]. Structural safety, 2001,

23(4): 429 - 444.

[47] HOSDER S, WATSON L T, GROSSMAN B, et al. Polynomial response surface approximations for the multidisciplinary design optimization of a high speed civil transport[J]. Optimization and engineering, 2001, 2: 431 - 452.

[48] SCHUEREMANS L, GEMERT D V. Benefit of splines and neural networks in simulation based structural reliability analysis [J]. Structural safety, 2005, 27(3):246 - 261.

[49] SONG H, CHOI K K, LEE I, et al. Adaptive virtual support vector machine for reliability analysis of high-dimensional problems[J]. Structural and multidisciplinary optimization, 2013, 47(4): 479 - 491.

[50] SIMPSON T W, MAUERY T M, KORTE J J, et al. Kriging models for global approximation in simulation-based multidisciplinary design optimization[J]. AIAA journal, 2001, 39(12): 2233 - 2241.

[51] WACKERNAGEL H. Multivariate geostatistics: an introduction with applications[M]. Heidelberg : Springer, 2003.

[52] RANJAN P, BINGHAM D, MICHAILIDIS G. Sequential experiment design for contour estimation from complex computer codes[J]. Technometrics, 2008, 50(4): 527 - 541.

[53] HUANG D, ALLEN T T, NOTZ W I, et al. Global optimization of stochastic black-box systems via sequential kriging meta-models[J]. Journal of global optimization, 2006, 34(3): 441 - 466.

[54] 徐家宽，白俊强，黄江涛，等. 考虑螺旋桨滑流影响的机翼气动优化设计[J]. 航空学报，2014，35(11)：2910 - 2920.

[55] ROMERO V J, SWILER L P, GIUNTA A A. Construction of response surfaces based on progressive-lattice-sampling experimental designs with application to uncertainty propagation [J]. Structural safety, 2004, 26(2): 201 - 219.

[56] KAYMAZ I. Application of kriging method to structural reliability problems[J]. Structural safety, 2005, 27(2): 133 - 151.

[57] 张崎. 基于 Kriging 方法的结构可靠性分析及优化设计[D]. 大连：大连理工大学，2005.

[58] 谢延敏，于沪平，陈军，等. 基于 Kriging 模型的可靠度计算[J]. 上海交通大学学报，2007(2)：177－180，193.

[59] 陈志英，任远，白广忱，等. 粒子群优化的 Kriging 近似模型及其在可靠性分析中的应用[J]. 航空动力学报，2011，26(7)：1522－1530.

[60] LUO X F, LI X, ZHOU J, et al. A Kriging-based hybrid optimization algorithm for slope reliability analysis [J]. Structural safety, 2012, 34(1): 401－406.

[61] JONES D R, SCHONLAU M, WELCH W J. Efficient global optimization of expensive black-box functions[J]. Journal of global optimization, 1998, 13: 455－492.

[62] SASENA M J, PAPALAMBROS P, GOOVAERTS P. Exploration of metamodeling sampling criteria for constrained global optimization[J]. Engineering optimization, 2002, 34(3): 263－278.

[63] LIU J, HAN Z H, SONG W P. Comparison of infill sampling criteria in kriging-based aerodynamic optimization[C]// 28th Congress of the International Council of the Aeronautical Sciences. [S. l.]: [s. n.], 2012: 1625－1634.

[64] COX D D, JOHN S. A statistical method for global optimization [C]// 1992 IEEE International Conference on Systems, Man, and Cybernetics. Chicago: IEEE, 1992: 1241－1246.

[65] BICHON B J, ELDRED M S, SWILER L P, et al. Efficient global reliability analysis for nonlinear implicit performance functions [J]. AIAA journal, 2008, 46(10): 2459－2468.

[66] ECHARD B, GAYTON N, LEMAIRE M. AK－MCS: an active learning reliability method combining Kriging and Monte Carlo simulation[J]. Structural safety, 2011, 33(2): 145－154.

[67] ECHARD B, GAYTON N, LEMAIRE M, et al. A combined importance sampling and kriging reliability method for small failure probabilities with time-demanding numerical models[J]. Reliability engineering and system safety, 2013, 111: 232－240.

[68] CADINI F, SANTOS F, ZIO E. An improved adaptive kriging-based importance technique for sampling multiple failure regions of low probability[J]. Reliability engineering and system safety, 2014, 131: 109－117.

[69] TONG C, SUN Z L, ZHAO Q L, et al. A hybrid algorithm for reliability analysis combining Kriging and subset simulation importance sampling[J]. Journal of mechanical science and technology, 2015, 29(8): 3183 - 3193.

[70] LV Z Y, LU Z Z, WANG P. A new learning function for Kriging and its applications to solve reliability problems in engineering[J]. Computers and mathematics with applications, 2015, 70(5): 1182 - 1197.

[71] YANG X F, LIU Y S, GAO Y, et al. An active learning kriging model for hybrid reliability analysis with both random and interval variables [J]. Structural and multidisciplinary optimization, 2015, 51:1003 - 1016.

[72] ZHAO H L, YUE Z F, LIU Y S, et al. An efficient reliability method combining adaptive importance sampling and Kriging metamodel[J]. Applied mathematical modelling, 2015, 39(7): 1853 - 1866.

[73] WEN Z X, PEI H Q, LIU H, et al. A sequential Kriging reliability analysis method with characteristics of adaptive sampling regions and parallelizability[J]. Reliability engineering and system safety, 2016, 153: 170 - 179.

[74] SUN Z L, WANG J, LI R, et al. LIF: A new Kriging based learning function and its application to structural reliability analysis[J]. Reliability engineering and system safety, 2017, 157: 152 - 165.

[75] WANG J, SUN Z L. The stepwise accuracy-improvement strategy based on the Kriging model for structural reliability analysis[J]. Structural and multidisciplinary optimization, 2018,58:595 - 612.

[76] TU J, CHOI K K, PARK Y H. A new study on reliability-based design optimization[J]. Journal of mechanical design, 1999, 121(4):557 - 564.

[77] TU J, CHOI K K, PARK Y H. Design potential method for robust system parameter design[J]. Aiaa journal, 2001, 39(4):667 - 677.

[78] LI F, WU T, BADIRU A, et al. A single-loop deterministic method for reliability-based design optimization[J]. Engineering optimization, 2013,45(4): 435 - 458.

[79] DU X P, CHEN W. Sequential optimization and reliability assessment method for efficient probabilistic design[J]. Journal of mechanical design, 2004, 126(2):225 - 233.

[80] DU X P. Saddlepoint approximation for sequential optimization and

reliability analysis[J]. Journal of mechanical design, 2008, 130(1):011011.

[81] SAADA A, VELEX P. An extended model for the analysis of the dynamic behavior of planetary trains[C] //American Society of Mechanical Engineers. International Design Engineering Technical Conferences and Computers and Information in Engineering Conference. [S. l.]: [s. n.], 1992: 513 - 520.

[82] PARKER R G, AGASHE V, VIJAYAKAR S M. Dynamic response of a planetary gear system using a finite element/contact mechanics model[J]. Journal of mechanical design, 2000, 122(3): 304 - 310.

[83] CHANG-JIAN C W, CHEN C K. Nonlinear dynamic analysis of a flexible rotor supported by micropolar fluid film journal bearings[J]. International journal of engineering science, 2006, 44(15/16): 1050 - 1070.

[84] CHANG-JIAN C W, CHEN C K. Bifurcation and chaos analysis of a flexible rotor supported by turbulent long journal bearings[J]. Chaos, solitons and fractals, 2007, 34(4): 1160 - 1179.

[85] AMBARISHA V K, PARKER R G. Nonlinear dynamics of planetary gears using analytical and finite element models[J]. Journal of sound and vibration, 2007, 302(3): 577 - 595.

[86] AL-SHYYAB A, KAHRAMAN A. A non-linear dynamic model for planetary gear sets[J]. Proceedings of the Institution of Mechanical Engineers, Part K: Journal of multi-body dynamics, 2007, 221(4): 567 - 576.

[87] AL-SHYYAB A, ALWIDYAN K, JAWARNEH A, et al. Non-linear dynamic behaviour of compound planetary gear trains: model formulation and semi-analytical solution[J]. Proceedings of the Institution of Mechanical Engineers, Part K: Journal of multi-body dynamics, 2009, 223(3): 199 - 210.

[88] WANG X S, WU S J. Nonlinear dynamic modeling and numerical simulation of the wind turbine's gear train[J]. 2011 International Conference on Electrical and Control Engineering, 2011: 2385 - 2389.

[89] LI S, WU Q M, ZHANG Z Q. Bifurcation and chaos analysis of multistage planetary gear train[J]. Nonlinear dynamics, 2014, 75: 217 - 233.

[90] SHENG D P, ZHU R P, JIN G H, et al. Bifurcation and chaos study on transverse-torsional coupled 2K-H planetary gear train with multiple

clearances[J]. Journal of Central South University, 2016, 23: 86 - 101.

[91] XIANG L, GAO N, HU A J. Dynamic analysis of a planetary gear system with multiple nonlinear parameters[J]. Journal of computational and applied mathematics, 2018, 327: 325 - 340.

[92] LIU H, YAN P F, GAO P. Effects of temperature on the time-varying mesh stiffness, vibration response, and support force of a multi-stage planetary gear[J]. Journal of vibration and acoustics, 2020, 142(5): 051110.

[93] WANG J Y, LIU N, WANG H T, et al. Analysis of nonlinear dynamic characteristic of a planetary gear system considering tooth surface friction[J]. Proceedings of the Institution of Mechanical Engineers, Part J: Journal of engineering tribology, 2021, 235(11): 2376 - 2395.

[94] DONG H, BI Y, LIU Z B, et al. Establishment and analysis of nonlinear frequency response model of planetary gear transmission system[J]. Mechanical sciences, 2021, 12(2): 1093 - 1104.

[95] ZHANG Q, WANG X S, WU S J, et al. Nonlinear characteristics of a multi-degree-of-freedom wind turbine's gear transmission system involving friction[J]. Nonlinear dynamics, 2022, 107(4): 3313 - 3338.

[96] WANG J G, LUO Z J, SHAN Z A, et al. Chaotic characteristic analysis of planetary gear transmission system under multi-coupling factor considering thermal effect[J]. Journal of vibration engineering and technologies, 2023,12: 4287 - 4311.

[97] MO S, HUANG X, LIU W B, et al. Study on nonlinear vibration and primary resonance characteristics of helicopter face gear-planetary gear coupling transmission system[J]. Proceedings of the Institution of Mechanical Engineers, Part K: Journal of multi-body dynamics, 2023, 237(3): 534 - 554.

[98] 孙智民，沈允文，王三民，等. 星型齿轮传动非线性动力学建模与动载荷研究[J]. 航空动力学报,2001,16 (4):402 - 407.

[99] 孙涛，沈允文，孙智民，等. 行星齿轮传动非线性动力学模型与方程[J]. 机械工程学报,2002, 38(3):6 - 10.

[100] 鲍和云，朱如鹏，靳广虎，等. 间隙对两级星型齿轮传动动态特性的影响研究[J]. 机械科学与技术，2009，28 (1):102 - 107.

[101] 朱恩涌，巫世晶，王晓笋,等. 含摩擦力的行星齿轮传动系统非线性

动力学模型[J]. 振动与冲击，2010，29 (8):217 - 220，236，254.

[102] 李同杰，朱如鹏，鲍和云，等. 行星齿轮系扭转非线性振动建模与运动分岔特性研究[J]. 机械工程学报，2011，47 (21):76 - 83.

[103] 刘振皓，巫世晶，王晓笋，等. 基于增量谐波平衡法的复合行星齿轮传动系统非线性动力学[J]. 振动与冲击，2012，31 (3):117 - 122.

[104] 李同杰. 行星齿轮传动系统的稳定性与分岔特性研究[D]. 南京：南京航空航天大学，2013.

[105] 向玲，高楠，唐亮，等. 内外激励下风电齿轮传动系统的非线性动力学特性[J]. 振动与冲击，2018，37 (5):126 - 132.

[106] 刘志宇，刘波，董皓. 齿面摩擦对多间隙弯扭耦合齿轮分岔特性的影响研究[J]. 机械传动，2019，43 (10):7 - 12，39.

[107] 刘宁. 考虑非光滑因素的行星齿轮传动系统非线性动力学研究[D]. 沈阳：沈阳理工大学，2020.

[108] 赵永盛. 两级行星齿轮传动系统的非线性动力学研究[D]. 青岛：中国石油大学(华东)，2020.

[109] 向玲，刘随贤，张军华. 风电齿轮箱两级行星齿轮传动系统的非线性动力学特性[J]. 振动与冲击，2020，39 (15):193 - 199，229.

[110] 宁志远，白争锋，蒋鑫，等. 磨损与动力学耦合的行星传动齿轮动力学研究[J]. 力学学报，2022，54 (4):1125 - 1135.

[111] 张磊，王仲，张明，等. 动态齿侧间隙与啮合角作用下行星齿轮传动系统动力学建模与分析[J]. 太阳能学报，2023，44 (7):311 - 317.

[112] WANG L，SHEN T，CHEN C，et al. Dynamic reliability analysis of gear transmission system of wind turbine in consideration of randomness of loadings and parameters[J]. Mathematical problems in engineering，2014(1):261767.

[113] CORNELL R W. Compliance and stress sensitivity of spur gear teeth[M]. [S. l.]: [s. n.]，1981.

[114] 芦玉琴. 直升机电动绞车传动系统动力学分析[D]. 兰州：兰州理工大学，2023.

[115] 佟操，孙志礼，杨丽，等. 一种基于 Kriging 和 Monte Carlo 的主动学习可靠度算法[J]. 航空学报，2015(9):2992 - 3001.